高等职业教育“十三五”规划教材——计算机类专业

嵌入式编程技术

主　编　唐红锁

副主编　蒋建武　陈　路

参　编　费贵荣　钱　晶　汤荣生

机 械 工 业 出 版 社

本书主要介绍了使用 Visual Studio 2010 进行嵌入式编程开发所需的基础知识。全书共 7 章，内容包括编制简单 C# 应用程序、常用标准控件、C# 编程基础、条件判断与循环控制语句、C# 面向对象编程、GDI+ 编程基础和嵌入式编程实例。第 7 章将 C# 基本语法和嵌入式编程结合起来在众多实例中具体体现，也可作为实训章节。

本书可作为高等职业院校计算机及相关专业的教材，也可作为计算机爱好者的自学参考用书。

本书配有电子课件及源文件等，选用本书作为教材的教师可以从机械工业出版社教育服务网（www.cmpedu.com）免费注册下载或联系编辑（010-88379194）咨询。

图书在版编目（CIP）数据

嵌入式编程技术/唐红锁主编. —北京：机械工业出版社，2018.8
高等职业教育"十三五"规划教材. 计算机类专业
ISBN 978-7-111-60681-9

Ⅰ. ①嵌…　Ⅱ. ①唐…　Ⅲ. ①程序语言—程序设计—高等职业教育—教材　Ⅳ. ①TP312

中国版本图书馆CIP数据核字（2018）第184391号

机械工业出版社（北京市百万庄大街22号　邮政编码100037）
策划编辑：李绍坤　　责任编辑：李绍坤
责任校对：马立婷　　封面设计：鞠　杨
版式设计：鞠　杨　　责任印制：常天培

北京富博印刷有限公司印刷厂印刷

2018年8月第1版第1次印刷
184mm×260mm・9印张・218千字
0001–1900册
标准书号：ISBN 978-7-111-60681-9
定价：25.00元

凡购本书，如有缺页、倒页、脱页，由本社发行部调换

电话服务
服务咨询热线：010-88379833
读者购书热线：010-88379649

网络服务
机 工 官 网：www.cmpbook.com
机 工 官 博：weibo.com/cmp1952
教育服务网：www.cmpedu.com
金 书 网：www.golden-book.com

前言 PREFACE

本书是根据高等职业院校教学的要求，结合最新职业教育教学改革精神，以及本课程改革的经验和成果编写而成的。

本书在编写过程中力求做到：以学生为主体，以职业教育活动为导向，体现工学结合；理论结合实际，以项目为载体，实现能力锻炼；以加强学生的实训能力为目标，组织课程教学，构建理论知识，实践一体化的课程体系。

全书主要内容包含两个部分：嵌入式编程的理论基础、综合实训项目。全书共7章，内容包括编制简单C#应用程序、常用标准控件、C#编程基础、条件判断与循环控制语句、C#面向对象编程、GDI+编程基础和嵌入式编程实例。

本书由唐红锁任主编，蒋建武和陈路任副主编，费贵荣、钱晶、汤荣生参加编写。其中，第1章由陈路编写，第2章由蒋建武编写，第3章～第7章由唐红锁编写，费贵荣、钱晶、汤荣生负责项目实例的收集整理，全书由唐红锁统稿。

由于编者水平有限，书中难免存在不足之处，恳请广大读者不吝赐教。

编　者

目录 CONTENTS

第1章 编制简单 C# 应用程序

C#（发音为 C sharp）是微软公司推出的一种语法简单、类型安全的面向对象的编程语言，可以通过它编写在 .NET Framework 上运行的各种安全可靠的应用程序。C# 是 C 和 C++ 派生出来的一种简单的、现代的、面向对象类型安全的编程语言，并且能够和 .NET 框架完美结合。C# 具备了应用程序快速开发（Rapid Application Development，RAD）语言的高效率和 C++ 固有的强大能力，并吸收了 Java 和 Delphi 等语言的特点和精华，是目前 .NET 开发的首选语言。

1.1 C# 语言简介

1.1.1 C# 的由来

20 世纪 70 年代 Dennis Ritchie 创建 C 语言标志着现代程序设计时代的开始，到 20 世纪 70 年代后期，许多项目的规模接近或达到了结构化程序设计方法和 C 语言所能承受的极限。为了解决这个问题，新的编程方法开始出现，该方法称为面向对象程序设计（Object-Oriented Programming，OOP）。1979 年 Bjarne Stroustrup 在新泽西州的 Murray Hill 的 Bell 实验室开发出 C with Classes，1983 年改名为 C++。C++ 是 C 语言的面向对象版本。通过创建基于 C 语言构建的 C++ 语言，提供了一种将面向过程中的方法平滑移植到 OOP 中的方法。

接下来的一段时间，在商业软件的开发领域中，C/C++ 一直作为最具有生命力的编程语言，为程序员提供了丰富的功能，具有高度的灵活性和强大的底层控制力，但是，利用 C/C++ 语言开发窗体应用程序复杂并且效率不够高。与 Visual Basic 等语言相比，同等级别的 C/C++ 为完成一个 Windows 应用程序的开发往往需要消耗更多的开发时间来完成。

1991 年 Sun Microsystems 公司设计出一种结构化的面向对象语言 Java，它继承了 C++ 的语法和设计理念。Java 成功解决了 Internet 环境下的可移植性问题，但是 Java 语言的缺陷很明显，首先是多语言互操作性，即混合语言程序设计，其次是没有与 Windows 平台完全集成。

针对以上问题，微软公司于2000年6月26日正式发布了C#。C#是一种新的、面向对象的编程语言。它使得程序员可以在Microsoft开发的最新的.NET平台上快速编写Windows应用程序，而且Microsoft .NET提供了一系列的工具和服务来最大程度地服务于计算与通信领域。

总体来说，Java是从C和C++衍生而来的，继承了C/C++的语法和对象模型。C#不是衍生于Java，而是类似于Java，C#被设计用来产生可移植的代码。C#和Java就像堂兄弟，有共同的祖先，但在许多重要方面也有所不同。如果对Java有一定了解，那么对C#的许多概念也将很熟悉。反过来，如果需要学习Java语言，那么从C#中学到的知识也将继续有用。

1.1.2 C#的特点

正是由于C#面向对象的卓越设计，带来快速开发能力的同时，并没有牺牲C/C++程序员所关心的各种特性，它忠实地继承了C/C++的优点，无论是高级的商业对象还是系统级的应用程序，它都已成为构建各类组件的理想选择之一。使用简单的C#语言结构，这些组件可以方便地在XML（Extensible Markup Language，扩展标识语言）网络服务中随意转化，从而使它们可以通过Internet在任何操作系统用任何语言将其进行调用。C#还具备以下很多非常吸引人的特点。

1．语法简洁易用

虽然C#继承于C/C++，但是同时也吸收了Java和Delphi的优点，它摒弃了C和C++中一些比较复杂而且不常用的语法元素。例如，在C/C++中的指针虽然功能强大，但极不安全，稍不小心就会导致程序出错，甚至导致系统崩溃。所以在C#中取消了指针，不允许程序员直接对内存进行操作，让代码在安全的环境中运行，从而使得编程变得简单易用。

2．能与Web结合紧密

随着信息化的发展，现在网上办公和电子商务在各行各业中得到越来越广泛的应用，浏览器/服务器结构（Browser/Server，B/S）模式程序成为市场主流。C#支持绝大多数的Web标准（如HTML（Hyper Text Markup Language，超文本标记语言）、XML、SOAP（Simple Object Access Protocol，简单对象访问协议））。在微软的.NET开发套件中，C#与ASP .NET是相互融合的，由于有了Web服务框架的帮助，对程序员来说，网络服务看起来就像是C#的本地对象。程序员们能够使用简单的C#语言结构，利用他们已有的面向对象的知识与技巧开发Web服务。

3．具备.NET的自动的资源回收机制

.NET具备自动资源回收机制，而C#与.NET是完美集成的，这使C#拥有这一机制。在早期的Windows操作系统版本中，如果程序使用完资源后不能释放，则将会导致系统资源不足从而使程序运行缓慢，降低系统性能。在使用C#开发的过程中，由系统自动清理使用过的资源，使得程序员不必关心何时释放资源，从而把更多的精力放在程序编写的逻辑上，提高编程效率。

4．具备完整的安全性与完善的异常处理机制

衡量一种语言是否优秀的一个重要依据就是安全性能和异常处理能力。C#可以消除软

件开发过程中的许多常见错误，并提供了完整的安全性能，减少了程序员在开发过程中的错误，在开发过程中可以通过很少的代码实现使用C/C++完成的同样功能，不但减轻了工作量，同时减少了错误的发生。

5．版本可控（Versionable）

在过去的几年中，几乎所有的程序员都至少有一次不得不涉及到众所周知的“DLL地狱”。该问题起因于多个应用程序都安装了相同DLL名字的不同版本。有时，老版本的应用程序可以很好地和新版本的DLL一起工作，但是更多的时候它们会中断运行。C#可以最好地支持版本控制。尽管C#不能确保正确的版本控制，但是它可以为程序员保证版本控制成为可能。基于这种支持，一个开发人员就可以确保当类库升级时，仍保留着对已存在的客户应用程序的二进制兼容。

6．具备良好的灵活性和兼容性

在简化语法的同时，C#并没有失去灵活性。虽然在默认的状态下没有指针等，但是可以声明一些类或者仅声明类的方法是非安全类型的。这样的声明允许使用指针、结构，静态地分配数组。安全码和非安全码都运行在同一个管理空间，所以C#没有失去灵活性。

C#不是一个封闭的开发软件，它允许使用最先进的NGWS的通用语言规定（Common Language Specification，CLS）访问不同的API。C#提供对COM和基于Windows应用程序的原始的支持；VB.NET和其他中间代码语言中的组件可以在C#中直接使用，兼容性同样优秀。

1.2 .NET开发平台

上文中介绍了C#等几种编程语言，在C#的特点中提到C#与.NET是完美集成的，程序员编写好程序后通过.NET开发平台将所编写的程序进行识别，检查错误，然后进行编译，并生成应用程序。下面将介绍.NET平台以及Visual Studio .NET 2010的安装及使用。

1.2.1 .NET概述

.NET是Microsoft XML Web Services平台。它向广大的程序员提供了功能强大的集成开发环境（IDE）——Visual Studio .NET。XML Web Services允许应用程序通过Internet进行通信和共享数据，而不管所采用的是哪种操作系统、设备或编程语言。Microsoft.NET平台可创建XML Web Services并将这些服务集成在一起。这对个人用户的好处是无缝的、吸引人的体验。.NET的核心是Microsoft.NET Framework（微软.NET框架体系）。在这个体系中，程序员将各种开发Windows应用程序的应用程序接口（API）封装在了各种“类”中。使用.NET类库来开发应用程序，就是使用.NET提供的各种“类库函数”。并且，.NET还封装了可以直接应用在Internet应用程序开发上的各种类库函数。对于程序开发人员来讲，.NET Framework结构就是由若干封装了涵盖Windows各个方面应用的类库组成的。开发.NET Framework有两方面的目的：一方面是改善Windows应用程序的开发过程，特别是组件对象模型（COM）的开发过程；另一方面是为了创建一个将软件作为“服务”

来发布的开发平台。在 Microsoft 的最终产品中将集中体现这两个目的。那么，程序员的生产效率将得到巨大的提高，开发应用程序将更加容易、可靠。特别是，这个最终的产品将向众人展示一个新的计算机概念：Internet 服务。所谓 Internet 服务就是指通过使用标准的 Internet 协议，例如，XML 或者 SOAP，将为不同平台开发的不同的软件和组件有效地结合在一起。

.NET Framework 主要由两大部分组成，一部分是最基本的通用语言运行时库（Common Language Runtime，CLR），另一部分是一些提供了具体功能的类库，例如，网络应用的 ASP.NET、数据库应用的 ADO .NET、Windows 窗口（Forms）类等。它们之间的关系以及它们同 Windows 操作系统之间的关系，即 .NET 框架体系如图 1-1 所示。

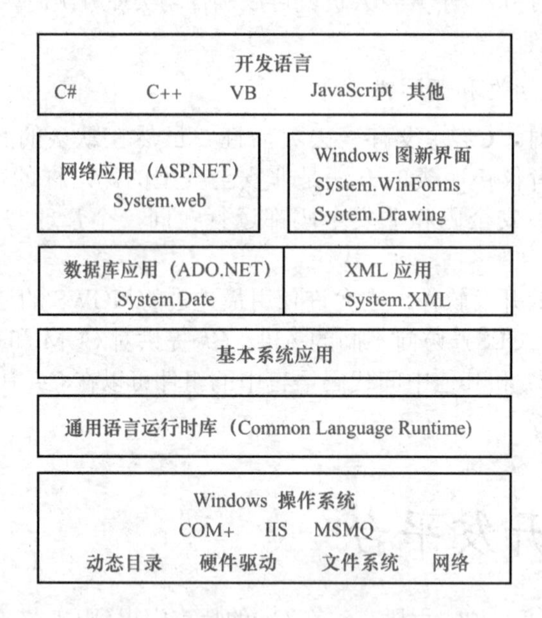

图 1-1 .NET 框架体系

通过图 1-1 可以比较直观地了解 .NET Framework 中 Windows 操作系统、框架体系的各种类库和开发语言之间的关系。首先，所有的 .NET 应用都是建立在 Windows 操作系统提供的各种强大的功能之上的，这是 .NET Framework 应用程序运行的基础。其次，体系中有各种 .NET 的运行时库和各种类库，其中运行时库是基本系统应用的基础，而基本系统应用又是网络应用、Windows 图形界面、数据库应用、XML 应用的基础，而后面的 4 种类库互相独立。最后，提供给程序员使用的最直接的工具就是各种 .NET 开发语言，包括 C#、C++、Visual Basic、JavaScript 等。

1.2.2 安装 Visual Studio .NET 2010

在本书中采用了 Visual Studio .NET 2010 来进行开发。Visual Studio .NET 2010 可以安装在 Windows Vista/7/8/10 操作系统中，具体的安装步骤如下。

1）先将 Visual Studio .NET 2010 的光盘放置在光驱中运行，双击 . exe 文件进行安装，如图 1-2 所示。

图 1-2 “Visual Studio 2010 安装程序”对话框

2）单击“安装Microsoft Visual Studio 2010”，完成后单击“下一步”按钮，如图1-3所示。

3）然后进入安装检查页面，选择“是否发送用户体验信息”之后单击“下一步”按钮，如图1-4所示。

4）安装程序加载完组件后，选择“已经阅读并接受条款”继续安装，否则退出安装，然后单击“下一步”按钮，如图1-5所示。

图 1-3 单击安装

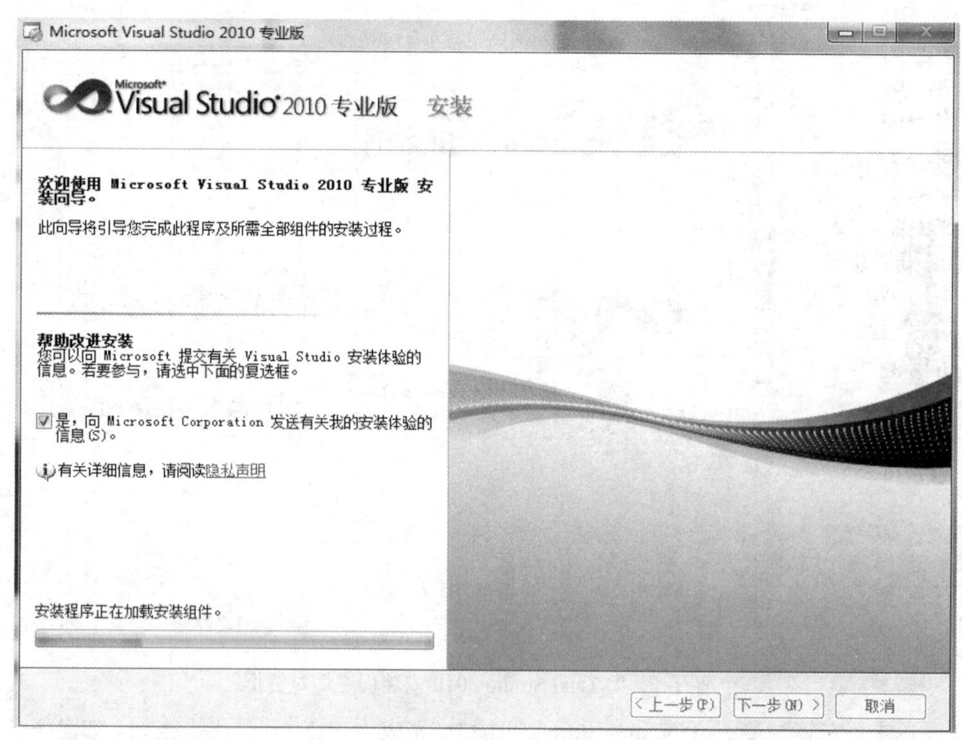

图 1-4　选择“是否发送用户体验信息”

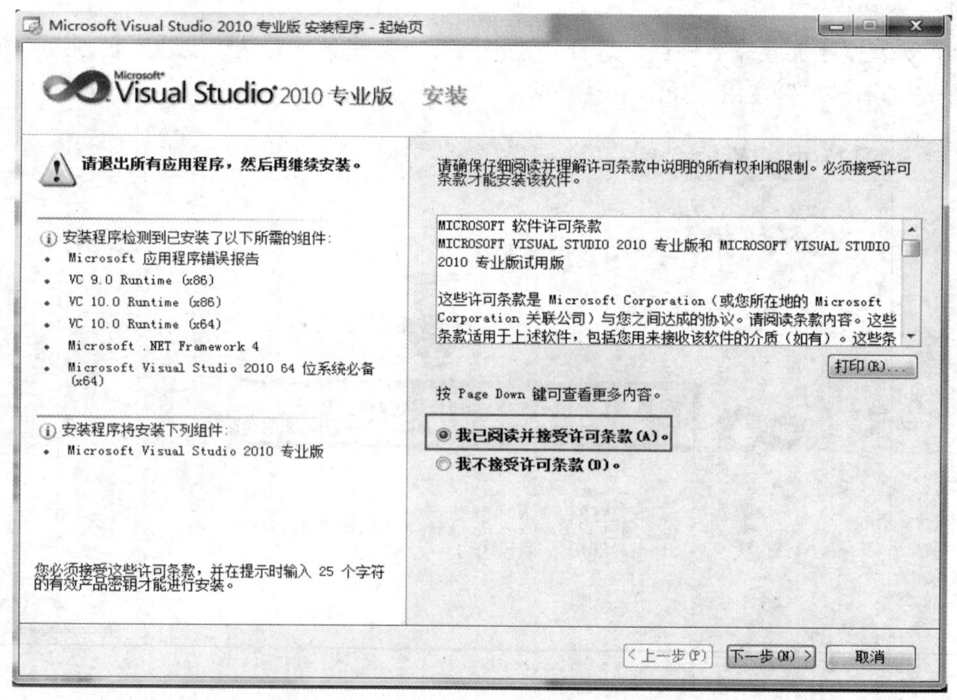

图 1-5　选择“已经阅读并接受许可条款”

5）选择需要安装的功能（有完全和自定义两种模式），然后再选择安装的文件路径，单击“安装”按钮，如图 1-6 所示。

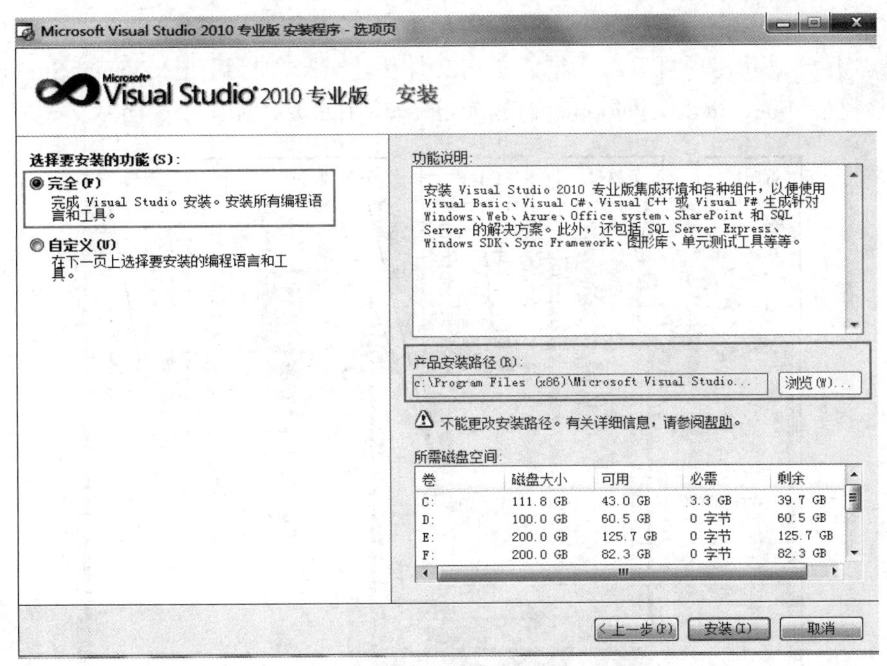

图 1-6 选取安装的功能以及选择路径

安装过程花费时间较长，大约 20min，由个人计算机的硬件配置所决定，最后，弹出“完成页”对话框，安装完成后单击“完成”按钮，Visual Studio 2010 就成功安装在计算机上了。

1.2.3 Visual Studio .NET 2010 集成开发环境

在正确安装了 Visual Studio 2010 后，执行“开始”→“程序”→“Microsoft Visual Studio 2010”命令，运行 Visual Studio 2010。打开 Visual Studio 2010 后，可以看到 Visual Studio 2010 的起始页，如图 1-7 所示。

图 1-7 Visual Studio 2010 的起始页

创建新项目的方法：在“起始页”中单击“新建项目”按钮或者选择“文件”→“新建”→“项目”命令，打开“新建项目”对话框，单击文件新建一个项目后进入 Visual Studio 2010 的集成开发环境（Integrated Development Enuironment，IDE），如图 1-8 所示。

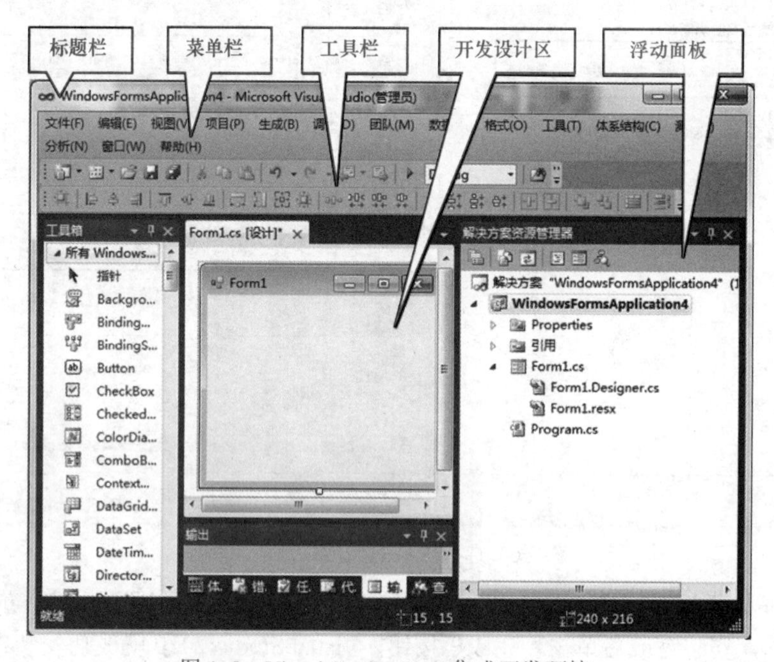

图 1-8　Visual Studio 2010 集成开发环境

Visual Studio 2010 的集成开发环境界面由标题栏、菜单栏、工具栏、设计器窗口、工具箱、解决方案资源管理器以及属性窗口等组成。

1．标题栏

标题栏显示了当前解决方案名称，包含“最小化”“最大化”“还原”以及“关闭”按钮。

2．菜单栏

在开发环境界面中，标题栏下方一排为菜单栏，菜单栏包含了开发环境中所有的命令，为用户提供了项目操作、程序的编译、调试、窗口操作等功能。

3．工具栏

工具栏是一系列工具按钮的组合。当鼠标停留在工具栏按钮的上面时，按钮凸起，主窗口底端的状态栏上显示出该按钮的一些提示信息；如果光标停留时间长一些，则会出现一个小的弹出式的“工具提示”窗口，显示出按钮的名称。工具栏上的按钮通常和一些菜单命令对应，提供了一种执行经常使用的命令的快捷方法。

4．项目设计区

用户在开发应用程序的过程中，对于窗体的设计以及代码编辑等窗口的操作都将在项目设计区进行。

5．浮动面板区

用于方便用户使用部分编辑窗口的停靠区域。

1.3 第一个控制台应用程序

前面介绍了许多关于开发环境的操作，这里将通过对开发环境的实际操作来进一步了解它的使用过程。

1.3.1 创建项目

1）打开 Visual Studio 2010 集成开发环境。

2）创建项目，方法有 3 种：第一种在“起始页”中单击“新建项目”按钮创建；第 2 种方法是选择“文件”→“新建”→“项目”命令创建；第 3 种方法是单击工具栏上的第 1 个“新建”按钮，选择“项目”创建。单击“项目”按钮后，将显示“新建项目”对话框，如图 1-9 所示。

3）在“项目类型”下拉列表中选中“Visual C#”项目下的“Windows 窗体应用程序”选项。

4）在“模板”下拉列表中选择“Windows 窗体应用程序”或者“控制台应用程序”项。本书将重点介绍“Windows 窗体应用程序”和“控制台应用程序”的编写，请熟记这两种应用程序的创建方法。

5）单击“位置”文本框右边的“浏览”按钮，选择一个文件夹对项目进行保存或者直接在文本框内进行手动更改。

6）在“名称”文本框内，项目名称默认为 Console Application1 或 Windows Forms Application1，可以根据实际情况把项目名称改为自己喜欢的名字。

7）单击窗口右下角的“确定”按钮，建立所要编写的应用程序。

注意：

上述项目创建的7个步骤是创建“Windows 应用程序”或者“控制台应用程序”所必须要做的相同的准备工作。

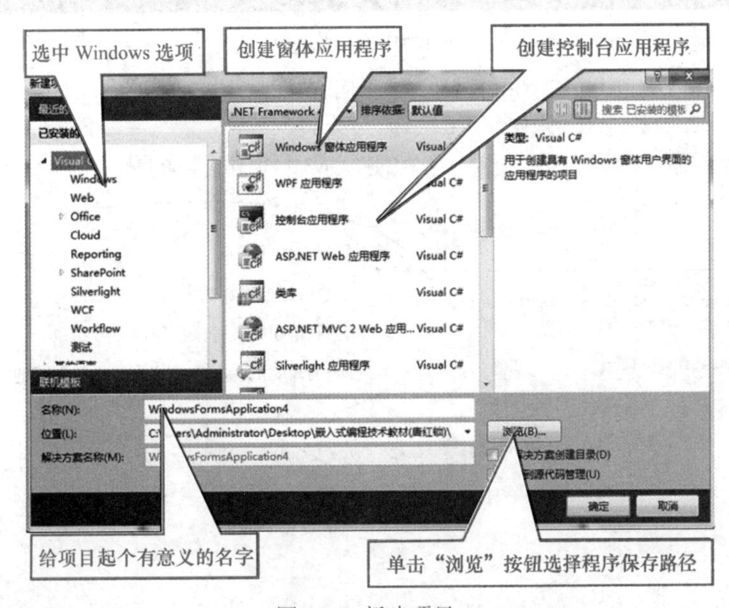

图 1-9　新建项目

1.3.2　创建第一个控制台应用程序

【任务 1-1】编写第一个控制台应用程序。

任务要求：

1）在 C 盘根目录下新建一个以学号姓名命名的文件夹。

2）在学号文件夹下创建第一个控制台应用程序 helloc（项目名称）。

3）控制台应用程序完成的功能是：输出字符串“这是我的第一个控制台应用程序！”。

创建控制台应用程序的步骤：

1）根据上述创建“控制台应用程序”的方法创建“名称”为 helloc 的控制台应用程序。

2）创建好后在开发环境界面的项目设计区显示的是“代码”窗口。在开发环境界面的浮动面板区停靠的窗口“解决方案资源管理器”生成名称为 helloc 的解决方案，如图 1-10 所示。

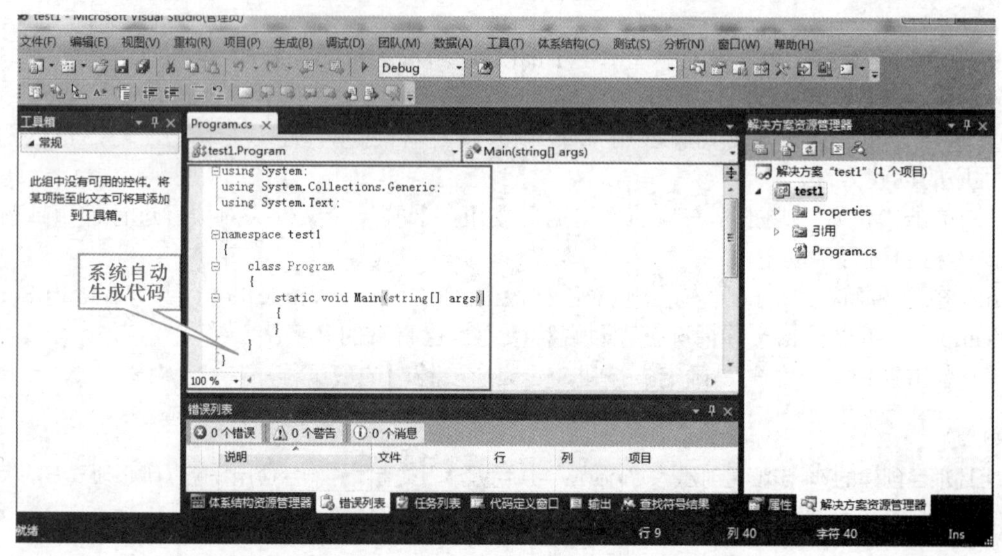

图 1-10　工作窗口

3）在代码 static void Main(string[] args)后面的两个大括号之间输入代码，如图 1-11 所示。

Console.WriteLine（"这是我的第一个控制台应用程序！"）;

这是用来运行显示“这是我的第一个控制台应用程序！”的代码。

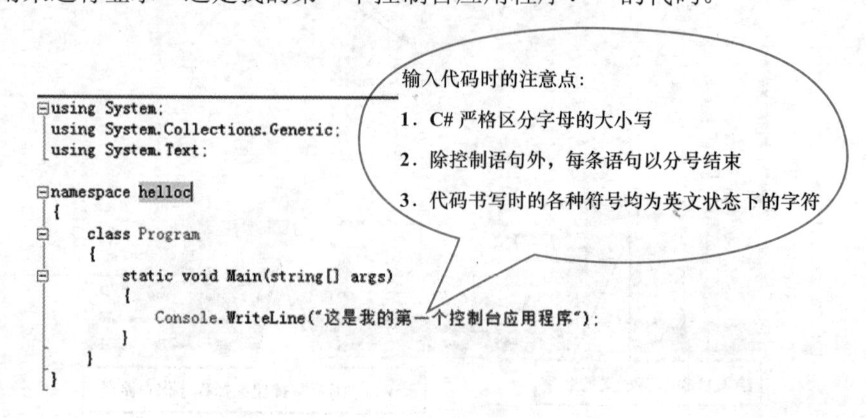

图 1-11　Console.ReadLine() 代码

4）为了防止程序运行完毕后控制台窗口自动关闭。需要再输入代码：

```
Console.ReadLine();
```

否则程序运行完毕会自动关闭控制台窗口，因为运行速度快而看不到结果。

5）单击 Visual Studio 2010 上方工具栏的“启动调试” 按钮或者按 <F5> 键运行程序，或者执行“调试”→“启动调试”命令，弹出控制台窗口。运行结果如图 1-12 所示。

图 1-12 运行结果

程序解析：

C# 程序的基本框架：

```
using  命名空间
namespace  项目名称
class  类名
{
   ......
   static void Main()
     {
     方法体
     }
}
```

Using 命名空间：高级语言为了提高编程的效率，总是在系统中加入许多系统预定义的元素，即编写了许多完成常用功能的程序放在系统中，编程时只要把系统中的内容导入即可使用。在编写大型程序时，随着代码的增多，越来越多的名称、命名数据、已命名方法以及已命名类等之间极有可能发生两个或者两个以上的名称冲突，造成项目的失败。命名空间的作用是为各种标识符创建一个已命名的容器，同名的两个类如果不在同一个命名空间中，是不会相互冲突的。

class 类名：定义类。在 C# 的程序中包括至少一个自定义类。这些类称为程序员自定义类或用户自定义类。在 C# 中关键字 class 引导一个类的定义，其后接着类的名称。关键字是 C# 的保留字。class 类名后使用“{}”表示一个类的定义的起止。如果花括号不成对出现，则会出现编译错误。

Main 方法：C# 控制台程序必须包含一个 Main 方法，而且必须按照 C# 程序的基本框架所示的第 6 行方法定义。Main 方法是程序的入口点，程序控制在该方法中开始和结束。该方法用来执行任务，并在任务完成后返回信息。void 关键字表明该方法执行任务后不返回任何信息。Main 方法在类的内部声明，它必须具有 static 关键字，表明是静态方法。

控制台的输入和输出语句：使用 C# 编程时，通常使用 .NET 框架的运行时库提供的输入 / 输出服务。Main 方法中使用的输出语句：

```
System.Console.WriteLine(" 这是我的第一个控制台应用程序 !");
```

该语句是类库中Console类的输出方法之一，作用是使计算机打印双引号之间的字符串。双引号之间的字符通常称为字符串。WriteLine方法在命令窗口中显示一行文字后，自动将光标移动到下一行。

在类库中Console类的输入输出方法有：

1）输入语句：

```
Console.ReadLine();// 输入后换行，等待键盘输入信息
Console.Read(); // 输入后不换行
```

2）输出语句：

```
Console.WriteLine();// 输出后换行
Console.Write();// 输出后不换行
```

3）编译并运行程序。从IDE编译并运行程序。按<F5>键生成并运行（也可以选择菜单“调试”→“启动”命令）。

1.3.3 编写第一个Windows应用程序

【任务1-2】编写第一个Windows窗体应用程序。

任务要求：在以学号命名的文件夹下创建第一个Windows应用程序helloworld，实现功能：当单击“确定”按钮时，上方的文本框中将弹出“恭喜，你会编写C#程序了！”。窗体程序界面，如图1-13所示。

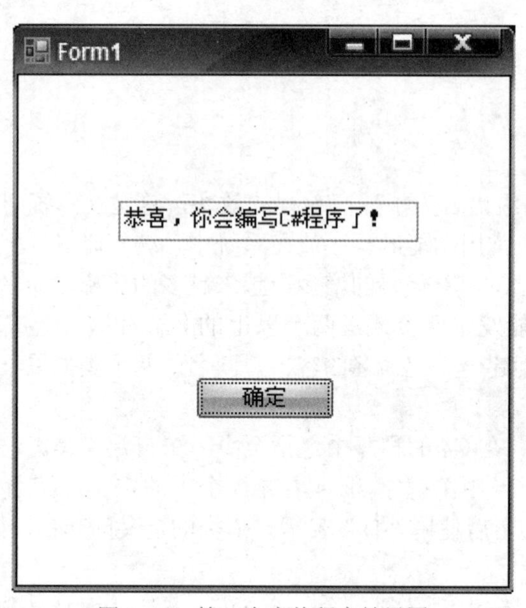

图1-13 第一个窗体程序效果图

创建Windows应用程序的步骤如下：

1）根据上述创建“Windows窗体应用程序”的方法创建名称为helloworld的Windows窗体应用程序。

2）从“工具箱”的“公共控件”选项卡中，分别在Button和TextBox控件上按住鼠标左键将其拖放到窗体上，并用鼠标将它们拖到适当位置并调整其大小，如图1-14所示。

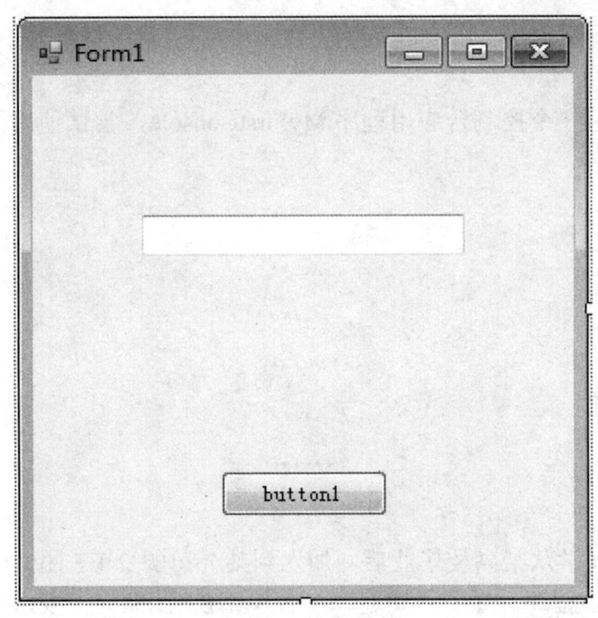

图 1-14 添加控件

3）将 Button1 的 text 属性修改为“确定”。

4）编写应用程序的代码。双击“确定”按钮生成事件，软件自动切换到代码编辑区，并将光标定位于事件处理程序中，插入如下代码，如图 1-15 所示。

程序代码：

```
1  private void button1_Click(object sender, EventArgs e)
2  {
3      textBox1.Text = " 恭喜，你会编写 C# 程序了！ "; // 在文本框显示“恭喜，你会编写 C# 程序了！”
4  }
```

```
private void button1_Click(object sender, EventArgs e)
{
    textBox1.Text = "恭喜，你会编写C#程序了！";//在文本框中显示内容
}
```

图 1-15 添加代码

代码注释添加的方法：

以“//”开始的注释称为“单行注释”，它只对当前行有效。

例如：

// 单行注释

以“/*”开始并以“*/”结束的注释称为多行注释。

例如：

/*“开始并以”*/

在插入编写的代码后面为程序添加了“代码注释”，在程序中加入“代码注释”可以提高程序的可读性，使程序易于阅读和理解。计算机在执行程序时是不会执行被注释的内容的。

5）按 <F5> 键运行该应用程序，单击“确定”按钮在文本框中显示“恭喜，你会编写 C# 程序了！”。

拓展训练

拓展训练 1：编写一个控制台应用程序 MyFirstConsole，尝试使用循环语句完成图形，如图 1-16 所示。

```
     *
    **
   ***
  ****
 *****
******
```

图 1-16　效果图

拓展训练 2：某同学从某高校毕业后，加入到某公司的 .NET 团队，公司为欢迎该同学的加入，设计了一款小程序，显示“欢迎 *** 加入 .NET 团队”，要求以窗体应用程序形式表达。界面效果，如图 1-17 所示。

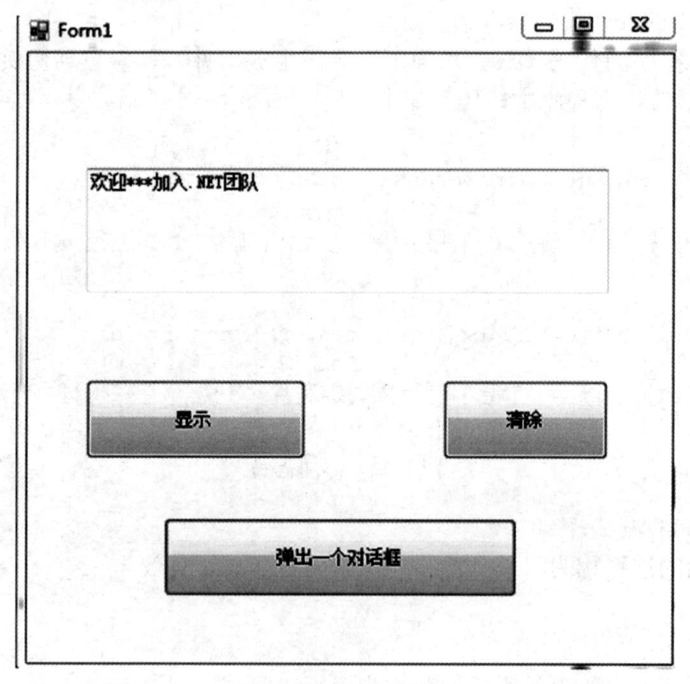

图 1-17　界面效果图

本章小结

本章介绍了 C# 语言的基本特点及其开发环境 Visual Studio 2010，通过创建简单的控制台程序及 Windows 窗体程序，介绍了 C# 的基本程序结构及语法的基本特点。对于开发工具的使用作了比较详细的介绍，为今后的学习打下了基础。

第2章 常用标准控件

在第 1 章创建 Windows 窗体应用程序中使用了 Botton 控件以及 TextBox 控件。控件是 VS 编程的基础，也是 VS 可视化编程的重要工具，更是面向对象编程和代码重用的典范。控件是构成用户界面的基本元素，要编写具有实用价值的应用程序，必须掌握控件的属性、事件和方法。本章将介绍 Visual Stdio.NET 中常用控件的使用方法。

控件是视窗交互的工具，在窗体应用程序创建时用于输入 / 输出信息的图形或文字。控件是一种特殊的类，所有控件都继承自 System.Windows.Forms.Control 类。Control 就是控件的基类，控件就是 Control 的派生类。

2.1 调用和调整控件

1. 调用控件

在创建窗体应用程序时，需要使用某一控件，只要单击工具箱中相应的按钮，然后在窗体上拖动出相应大小的矩形框，窗体上就会生成一个大小相对应的控件。

具体的操作过程如下。

1）单击工具栏上图标，打开工具箱。

2）在工具箱中找到需要的控件，单击该按钮，这一按钮呈现被按下的状态，表明被选定。

3）将光标移动到控件上，这时光标的指针变成“十”字形并带有该控件的形状，移动到需要放置的位置，然后单击鼠标左键。

4）单击控件，控件上出现带小方格的虚线框，光标呈带箭头的“十”字时可以移动控件，调整位置，移动光标至控件边界虚线框可以调整控件的大小。

2. 调整控件的尺寸与位置

移动光标，单击需要调整的控件，可以选中窗体上添加的控件，在控件的四周出现的小矩形虚线框称为尺寸手柄。可以利用这些尺寸手柄调节控件的尺寸，也可以利用鼠标、键盘和菜单命令移动控件、锁定和解锁控件位置。

选中控件，然后移动光标至虚线边框的尺寸手柄上，这时光标指针会变成双箭头形。按住鼠标左键，移动光标可以调整控件大小。和调整 Windows 窗体的用法一样。

调整控件的位置时，可以使用上述方法，也可以在出现尺寸手柄时按键盘上的方向键来调整控件到适当的位置。

调整控件大小和位置，也可以在选中控件后，在其属性窗口中修改 Size 属性和 Location 属性，可以精确地实现控件尺寸与位置的调整。

Visual Stdio.NET 提供了控件之间的对齐基准线，当移动一个控件到与另一个控件平行或垂直位置时，Visual Stdio.NET 会自动将两个或多个控件对齐到同一直线。

3. 多控件布局

在程序开发过程中，实际运用到的不仅是一个控件，当在窗体上放置了许多控件之后，需要合理地摆放控件的位置，还要顾及视觉感官，那么如何快速布局控件，会影响到程序编程的效率。控件布局有以下几个方面：

1）快速生成多个控件：打开工具箱，在工具箱中直接双击所需要的控件按钮，就会在当前窗体上生成一个个默认大小的控件，这是一个快速生成多个控件的方法。这时控件是叠在一起的，需要重新摆放调整位置。当需要重复控件时，可以使用复制粘贴的方式生成。

2）调整叠放次序：如果两个控件的范围有重叠，默认顺序是后放到窗体上的控件将被视为上层，将覆盖与它重叠的下层控件。可以单击鼠标右键，在弹出的快捷菜单中选择“置于顶层”或“置于底层”命令来修改层次位置，也可以通过单击“格式”→“顺序”→“置于顶层”或“置于底层”命令来调整。其中“置于顶层”将被选控件设置为上层，而“置于底层”将被选控件设置为下层。也可以单击布局工具栏中的来调整。

3）选择多个控件：在窗体上选择多个控件的方法有以下几种：

①选择其中一个控件后，按住 <Ctrl> 键或 <Shift> 键，再依次单击需要选择的其他控件，选定的控件都会出现尺寸手柄。

② 可以在窗体上选定一个位置按住鼠标左键拖出一个矩形框，松开鼠标后选定框内所有控件。

这时如果按住鼠标左键移动光标，可以同时移动选定的多个控件。也可以拖动尺寸手柄，同时调整多个控件的尺寸大小。

4）窗体控件整体调整与布局：在 Windows 窗体上调整选定控件的布局，可以通过格式菜单下的相应的命令来实现，也可以通过工具栏中的布局工具栏上的按钮命令来实现。布局工具栏，如图 2-1 所示。

图 2-1　布局工具栏

若布局工具栏没有出现，则可以通过执行“视图”→“工具栏”→“布局”命令打开布局工具栏。

5）锁定控件：布局完成后，为防止误操作移动控件位置，可以选择将控件位置锁定，锁定控件可在窗体设计器中单击鼠标右键，在弹出的快捷菜单中选择“锁定控件”命令。这个操作将锁定当前窗体上所有控件的当前位置，不影响其他窗体上的控件。再次单击“锁定控件”命令可解除对控件位置的锁定。使用该方法，也可以对单个控件进行锁定。

2.2 常用控件的使用

所有控件都继承自System.Windows.Forms.Control类。这里Control就叫作控件的基类，控件就是Control的派生类。所以说每一个控件都是一个对象，而在使用这个对象的过程中通常要对属性进行设置，以及建立响应时间。其中属性是指控件对象所具有的一些可描述的特点，例如，尺寸、颜色等。时间是指控件对象的某些预定义的外部动作的响应，例如，Button控件的单击事件等。

2.2.1 Windows窗体

Windows窗体是应用程序的基本单位，在创建一个窗体应用程序时，首先必须要思考实现的功能和窗体的设计。窗体最初是一个白板，通过程序员添加控件，编写程序，以实现某些功能，因此有必要了解窗体的一些常用属性、方法及事件。

1. 常用属性

（1）Name属性　用来获取或设置窗体的名称，在应用程序中可通过Name属性来引用窗体。

（2）WindowState属性　用来获取或设置窗体的窗口状态。取值有三种：Normal（窗体正常显示）、Minimized（窗体以最小化形式显示）和Maximized（窗体以最大化形式显示）。

（3）StartPosition属性　用来获取或设置运行时窗体的起始位置。

（4）Text属性　该属性是一个字符串属性，用来设置或返回在窗口标题栏中显示的文字。

（5）Width属性　用来获取或设置窗体的宽度。

（6）Height属性　用来获取或设置窗体的高度。

（7）Left属性　用来获取或设置窗体的左边缘的X坐标（以像素为单位）。

（8）Top属性　用来获取或设置窗体的上边缘的Y坐标（以像素为单位）。

（9）ControlBox属性　用来获取或设置一个值，该值指示在该窗体的标题栏中是否显示控制框。值为true时显示控制框，值为false时不显示控制框。

（10）MaximizeBox属性　用来获取或设置一个值，该值指示是否在窗体的标题栏中显示最大化按钮。值为true时显示最大化按钮，值为false时不显示最大化按钮。

（11）MinimizeBox属性　用来获取或设置一个值，该值指示是否在窗体的标题栏中显示最小化按钮。值为true时显示最小化按钮，值为false时不显示最小化按钮。

（12）AcceptButton属性　该属性用来获取或设置一个值，该值是一个按钮的名称，当按<Enter>键时就相当于单击了窗体上的该按钮。

（13）CancelButton属性　该属性用来获取或设置一个值，该值是一个按钮的名称，当按<Esc>键时就相当于单击了窗体上的该按钮。

（14）Modal属性　该属性用来设置窗体是否为有模式显示窗体。如果有模式地显示该窗体，该属性值为true，否则为false。当有模式地显示窗体时，只能对模式窗体上的对象进行输入。必须隐藏或关闭模式窗体（通常是响应某个用户操作），然后才能对另一窗体进行输入。有模式显示的窗体通常用作应用程序中的对话框。

（15）ActiveControl属性　用来获取或设置容器控件中的活动控件。窗体也是一种容器控件。

（16）ActiveMdiChild 属性　用来获取多文档界面（Multiple Document Interface，MDI）的当前活动子窗口。

（17）AutoScroll 属性　用来获取或设置一个值，该值指示窗体是否实现自动滚动。如果此属性值设置为 true，则当任何控件位于窗体工作区之外时，会在该窗体上显示滚动条。另外，当自动滚动打开时，窗体的工作区自动滚动，以使具有输入焦点的控件可见。

（18）BackColor 属性　用来获取或设置窗体的背景色。

（19）BackgroundImage 属性　用来获取或设置窗体的背景图像。

（20）Enabled 属性　用来获取或设置一个值，该值指示控件是否可以对用户交互作出响应。如果控件可以对用户交互作出响应，则为 true，否则为 false。默认值为 true。

（21）Font 属性　用来获取或设置控件显示的文本的字体。

（22）ForeColor 属性　用来获取或设置控件的前景色。

（23）IsMdiChild 属性　获取一个值，该值指示该窗体是否为多文档界面（MDI）子窗体。值为 true 时，是子窗体，值为 false 时，不是子窗体。

（24）IsMdiContainer 属性　获取或设置一个值，该值指示窗体是否为多文档界面（MDI）中的子窗体的容器。值为 true 时，是子窗体的容器，值为 false 时，不是子窗体的容器。

（25）KeyPreview 属性　用来获取或设置一个值，该值指示在将按键事件传递到具有焦点的控件前，窗体是否将接收该事件。值为 true 时，窗体将接收按键事件，值为 false 时，窗体不接收按键事件。

（26）MdiChildren 属性　数组属性。数组中的每个元素表示以此窗体作为父级的多文档界面（MDI）子窗体。

（27）MdiParent 属性　用来获取或设置此窗体的当前多文档界面（MDI）父窗体。

（28）ShowInTaskbar 属性　用来获取或设置一个值，该值指示是否在 Windows 任务栏中显示窗体。

（29）Visible 属性　用于获取或设置一个值，该值指示是否显示该窗体或控件。值为 true 时显示窗体或控件，为 false 时不显示窗体或控件。

（30）Capture 属性　如果该属性值为 true，则光标就会被限定只由此控件响应，不管光标是否在此控件的范围内。

2．常用方法

下面介绍一些窗体最常用的方法。

（1）Show 方法　该方法的作用是让窗体显示出来，其调用格式为：窗体名 .Show();，其中窗体名是要显示的窗体名称。

（2）Hide 方法　该方法的作用是把窗体隐藏起来，其调用格式为：窗体名 .Hide();，其中窗体名是要隐藏的窗体名称。

（3）Refresh 方法　该方法的作用是刷新并重画窗体，其调用格式为：窗体名 .Refresh();，其中窗体名是要刷新的窗体名称。

（4）Activate 方法　该方法的作用是激活窗体并给予它焦点。其调用格式为：窗体名 .Activate();，其中窗体名是要激活的窗体名称。

（5）Close 方法　该方法的作用是关闭窗体。其调用格式为：窗体名 .Close();，其中窗体名是要关闭的窗体名称。

（6）ShowDialog 方法　该方法的作用是将窗体显示为模式对话框。其调用格式为：窗体名 .ShowDialog();。

3．常用事件

（1）Load 事件　该事件在窗体加载到内存时发生，即在第一次显示窗体前发生。

（2）Activated 事件　该事件在窗体激活时发生。

（3）Deactivate 事件　该事件在窗体失去焦点成为不活动窗体时发生。

（4）Resize 事件　该事件在改变窗体大小时发生。

（5）Paint 事件　该事件在重绘窗体时发生。

（6）Click 事件　该事件在用户单击窗体时发生。

（7）DoubleClick 事件　该事件在用户双击窗体时发生。

（8）Closed 事件　该事件在关闭窗体时发生。

2.2.2　标签控件

在 C# 控件中，标签（Label）控件是最简单的控件。一般用于应用程序在窗体中显示静态文本信息。标签控件中的文本为只读文本，用户不能进行编辑。因而，通常用于标注信息或者纯文本显示。

控件属性中有一部分是与其他控件具有相同作用的，例如，Text、Location.X（左上角 X 轴坐标）和 Location.Y（左上角 Y 轴坐标）、Height（高度）、Width（宽度）、BackColor（背景色）、Font（字体）、Visible（可见性）等。还有一部分是自有属性。

标签控件大约有 20 个属性，具体如下：

（1）Name（名称）　控件的名称，用来标识一个控件，以便在程序代码中通过这个名称来使用控件。

（2）Text（标题）　更改 Text 属性用来设置控件在窗体中显示的内容。

（3）Size（尺寸）　Size 属性用来控制控件在窗体中的高度（Height）和宽度（Width）。

设置方法：

1）直接在 Size 属性中输入宽和高的值，并用逗号将它们隔开。

2）展开 Size 属性前面的加号，并在展开的 Width 属性和 Height 属性中分别输入宽和高的值，如图 2-2 所示。

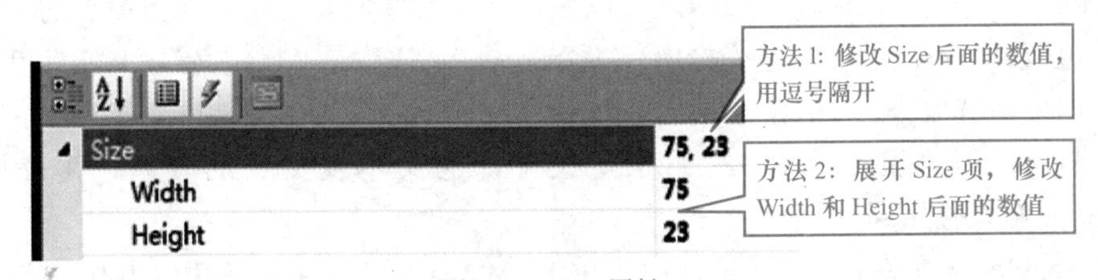

图 2-2　Size 属性

也可以在程序中实现通过代码来改变 Size 属性值：

```
this.Size = new Size(300， 200);
```

或直接访问 Width 属性和 Height 属性来改变窗体的宽度和高度。例如：

```
this.Width = 300;
```

```
this.Height = 200;
```

（4）Location（位置）　控制控件左上角相对于其容器左上角的坐标。程序设计中的屏幕坐标系统与数学中的几何坐标系统有所不同，屏幕的左上角坐标为（0，0），水平方向为X轴，垂直方向为Y轴；不带符号，如图2-3所示。

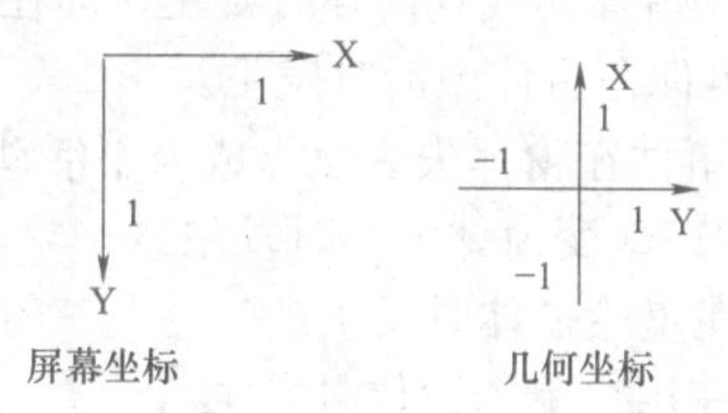

图 2-3　屏幕坐标和几何坐标系

Location 属性的设置与 Size 属性的设置一样，也有两种方法，即：

1）在 Location 属性中输入 X 和 Y 的坐标值，并用逗号隔开。

2）展开 Location 前面的加号并在 X 和 Y 内分别输入相应的坐标值，如图 2-4 所示。这里要注意，要使窗体按照 Location 里的坐标值安置窗体，必须把窗体的 StartPosition 属性设置为 Manual。

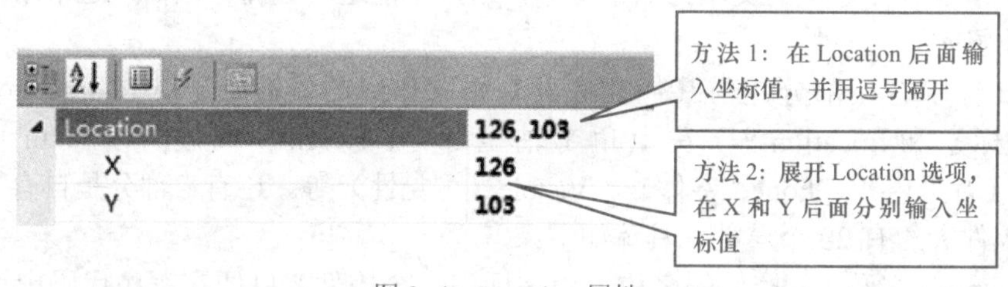

图 2-4　Location 属性

3）通过代码来改变 Location 属性值：

```
this.Location = new Point(500， 500);
```

4）直接访问 Top 属性和 Left 属性来改变窗体的 X 和 Y 的值。例如：

```
this.Top = 500;
this.Left = 500;
```

（5）BackColor（背景颜色）　用来设置窗体或者控件的背景颜色，其值是一个 RGB 颜色值的 Color 类型值。在属性窗口中，可以通过单击属性值右边的有向下箭头的小按钮来选取一个颜色值。在弹出的颜色选择框内有 3 个选项卡，依次是“自定义”“Web”和“系统”，可以在里面单击选取不同的颜色，如图 2-5 所示。

（6）ForeColor（前景颜色）　用来定义控件的文本及文字的颜色，其设置方法与 BackColor 属性设置相同。

（7）Enabled（允许使用）　属性用于设置控件是否可以使用，其值为 bool 类型，可以被设置为 true 或 false。如果将窗体的 Enabled 属性设置为 false，那么将不能在窗体内做任何事情，甚至不能关闭窗体。也可以在程序中设置 Enabled 属性的值：

```
this.Enabled = false;
```

（8）Visible（可见性）　属性用来设置控件的可见性。它的值为 bool 类型，如果将该属性设置为 false，则将隐藏该对象。

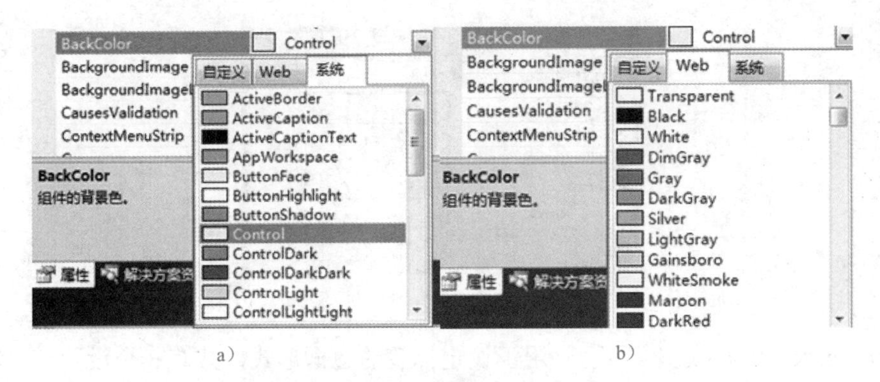

a） b）

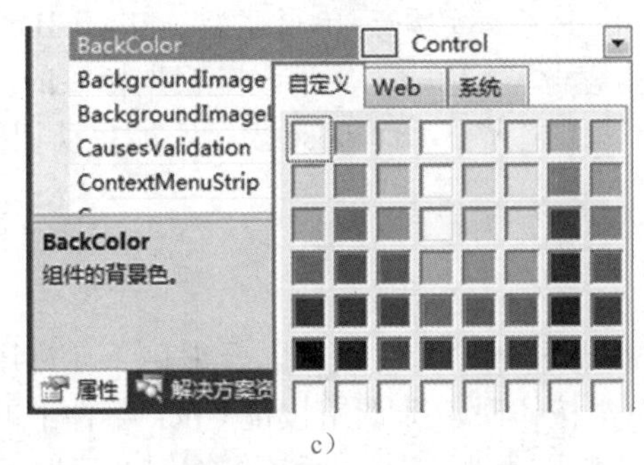

c）

图 2-5 BackColor 属性

a）选择系统色 b）选择 Web 色 c）选择自定义颜色

（9）Font（字体） 属性用来设置输出字符的字体类型、字体大小等特性。在控件属性窗口中，可以通过单击属性值右边的▾小三角按钮弹出字体对话框来设置字体，也可以展开 Font 属性左边的按钮▸来对字体的具体属性进行设置，如图 2-6 所示。

（10）TextAlign（文本对齐方式） 属性用于设定控件中显示文本的对齐方式，共有 9 个可选项：MiddleCenter 表示居中，为系统默认值；MiddleRight 表示右对齐；MiddleLeft 表示左对齐；还有 TopCenter，TopRight，ToLeft，BottomCenter，BottomRight，BottomLeft，如图 2-7 所示。

图 2-6 Font 属性选项

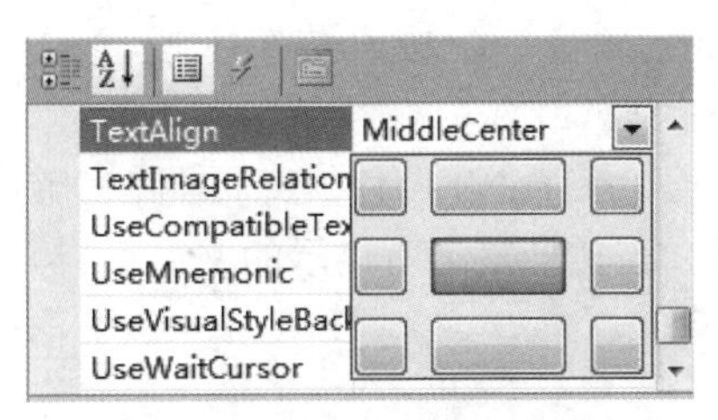

图 2-7 TextAlign 属性选项

（11）Dock（控件在窗体中的对齐方式） 与 TextAlign 属性相似。它的作用是强制特定控件固定在窗体的一侧，或者使用 Fill 选项来覆盖整个窗体，如图 2-8 所示。如果将该控件的 Dock 属性设置为 Top，就会发现不管窗体如何调整大小，控件的宽度都会与窗体相适应，并与窗体顶部对齐。

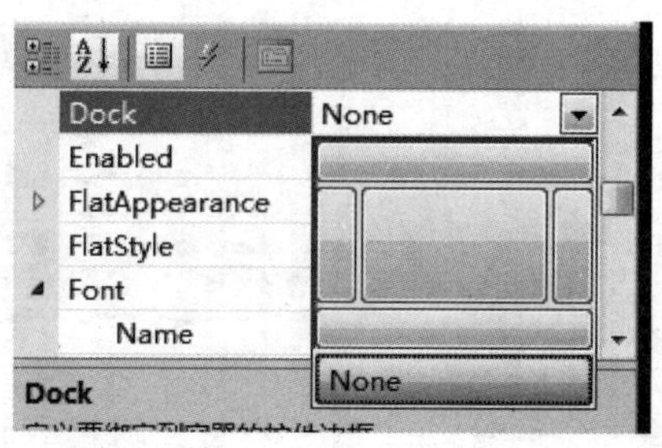

图 2-8 Dock 属性

（12）BorderStyle（边框样式） 用于设定标签的边框形式，共有 3 个设置值：默认值为 None，表示无边框，FixedSingle 表示边框为单直线型，Fixed 3D 表示边框为凹陷型。

（13）AutoSize（根据内容调整标签） 用于设定根据标签的内容自动调整标签的大小，共有两个选项，true 表示自动调整大小，而 false 表示不能自动调整大小。

2.2.3 按钮控件

按钮（Button）控件作为最常用的控件之一。一般用于允许用户通过单击来执行某一操作。执行过程是：当用户单击按钮时，即调用按键 Click 事件下的处理程序。按钮上显示的按钮名称由 Text 属性控制。原则上当文本长度超出按钮宽度时，自动换行。但是，当控件无法容纳文本的总体长度时，将自动剪裁文本。其属性与标签控件的属性很多是相同的，这里只介绍按钮的外观属性。

FlatStyle（按钮外观）属性可以设置按钮的外观。属性设置为 FlatStyle.Flat 时，按钮显示为 Web 风格的平面外观，设置为 FlatStyle.Popup 时，当鼠标指针经过该按钮时，它不再是平面外观，而是呈现标准的 Windows 按钮外观。

【任务 2-1】 制作颜色标签。

任务描述：通过单击按钮改变标签显示内容的颜色、背景颜色和位置。

操作步骤：

1）按照第 1 章介绍的方法创建一个 Windows 应用程序，将项目名称命名为 ColorChange。

2）将窗体 From1 的 Text 属性更改为“颜色标签”，然后在窗体上放置 3 个 Button 控件，并按如图 2-9 所示的“标签控制”对话框进行摆放，按标注给每个 Button 控件重命名（修改 Name 属性），按照按钮上所显示的文字设置每个 Button 控件的 Text 属性，以及 Backcolour 的属性值。

3）添加 1 个 Label 控件，并按图 2-9 所示进行摆放，按标注给 Label 控件重命名（修改 Name 属性），按标签上所显示的文字设置每个 Label 的 Text 属性。

注意：

控件命名方法：在使用控件时应具有良好的命名习惯，一般使用驼峰命名法：首先书写控件名称的简写，然后描述控件要控制的运动或者功能的英文单词，单词首字母应大写，这样做到见名知义，极大地方便代码的交流和维护，使代码更美观、阅读更方便；也不影响编码的效率，不与大众习惯冲突。

4）分别双击各个按钮生成相应的 Click 事件，或者找到属性窗口的事件按钮下的 Click，单击它在代码窗口生成相应的事件。

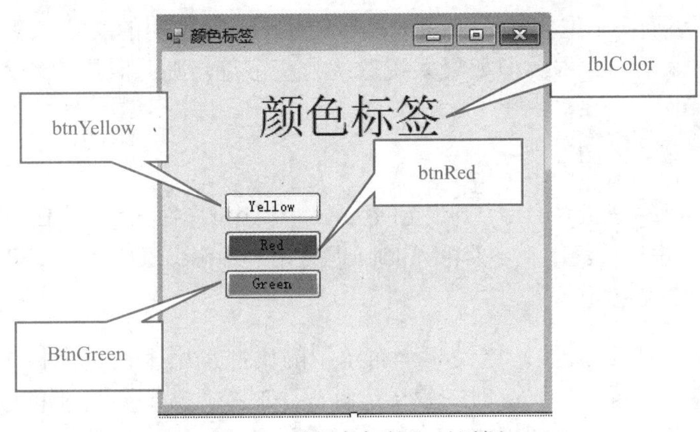

图 2-9 “颜色标签”对话框

5）在每个事件方法中输入相应的代码，程序代码如下：

```
1    private void btnRed_Click(object sender, EventArgs e)
2    {
3      lblColor.BackColor = cmdRed.BackColor;
4    }
5    private void btnGreen_Click(object sender, EventArgs e)
6    {
7      lblColor.BackColor = cmdGreen.BackColor;
8    }
9    private void btnYellow_Click(object sender, EventArgs e)
10   {
11     lblColor.BackColor = cmdYellow.BackColor;
12   }
```

运行结果：

运行程序，单击设置前景色的“红色”“黄色”和“绿色”按钮，观察 lblColor 的前景色的变化。

2.2.4 文本框控件

TextBox 控件，又称为文本框，用于输入 / 输出文本数据，是应用程序设计中使用频率最高的控件之一，用户可以使用该控件获取和显示文本。

文本框控件的属性特性，部分与 Label 控件的相同，特有的属性如下：

（1）Maxlength　初始值为 32 767，作用是规定了文本框最多能容纳的字符数量。当设定为 0 时，表示可容纳任意多个输入字符。当输入为汉字时，单个汉字作为一个字符来处理。

（2）MultiLine　控制文本框中是否单行显示，默认为单行显示。其有两个选择值 true 和 false，当设为 true 时，表示允许显示和输入多行文本，支持自动换行，可以按 <Enter> 键进行换行；当设为 false 时，表示单行显示，当显示或输入内容过长超过文本框的边界时，将只显示部分内容，不可以使用 <Enter> 键换行。设置方法可通过单击在文本框控件上的小三角按钮进行设置，打开会话标签，勾选 MultiLine 前的复选框。

（3）PasswordChar　设定文本框的功能，是否用于密码类文本。和人们日常登录一些管理系统时一样，在密码文本框中输入一个非空字符串时（如常用的“*”或其他任意的字符），系统接收的是用户输入的文本。但如果系统默认为空字符，则此时用户输入的可显示文本将直接显示在文本框中。

注意：

如果将Multiline属性设置为true，则设置PasswordChar属性不会产生任何视觉效果。如果对PasswordChar属性进行了设置，则不管将Multiline属性设置为true还是false，均不允许使用键盘在控件中执行剪切、复制和粘贴的操作。

（4）ReadOnly　只读属性，这是一个布尔型的属性，用来设定当程序运行时文本框中的文本是否可以编辑，当选择 true 时，表示运行程序时控件为只读，不能编辑其中的文本，当选择 false 时则相反，这是系统的默认值。

（5）ScrollBars　用于设置文本框中是否带有滚动条，这一属性一般要和 Multiline 属性协调使用。

有如下 4 个可选项分别为：

1）None：表示不带有滚动条。

2）Horizontal：表示带有水平滚动条。

3）Vertical：表示带有垂直滚动条。

4）Both：表示带有水平和垂直滚动条。

（6）TabStop　设定用户能否用 <Tab> 键切换进入文本框，为布尔型的属性，当选择 true 时，表示可以使用 <Tab> 键进入；当选择 false 时表示不能，但可以使用鼠标单击文本框进入。使用 <Tab> 键跳转的顺序是由 TabIndex 属性来决定的。在进行应用程序界面设计时，应该设计好每个控件的跳转顺序，以方便用户通过无鼠标操作来快速地输入数据。

（7）Text　设置文本框中默认显示的文本。

（8）WordWrap　控制是否支持多行文本自动换行。默认设置为 true，可以换行，并根据需要自动增加水平滚动，否则设定为 false。

（9）SelectionStart　设置文本框中选定的文本起始点。属性值为文本框中选定文本的起始位置。如果控件中没有选择任何文本，则此属性指示新文本的插入点。如果将此属性设置为超出了控件中文本长度的位置的值，则选定文本的起始位置将放在最后一个字符之后。

（10）AcceptsReturn　当为多行文本时，如果设置为 true 则按 <Enter> 键就会创建一个新行。如果设置为 false，则按 <Enter> 键就会单击窗体的默认按钮。

【任务 2-2】创建用户登录界面，并致欢迎词。

1）按第 1 章介绍的方法创建名称为“LoginTextDemo”的窗体应用程序，保存至相应文件夹下。

2）将窗体 From1 的 Text 属性更改为“欢迎登录”，然后在窗体上放置 3 个 TextBox 控件，并按如图 2-10 所示的位置进行摆放，按图示标注给每个 TextBox 重命名（修改 Name 属性），并将 txtPassword 的 MaxLength 属性设置为 4，txtWellc 的 ReadOnly 属性设置为 true，MultiLine 属性设置为 true。

3）添加 3 个 Label 控件，并按如图 2-10 所示的“欢迎登录”对话框进行摆放，按标签上所显示的文字设置每个 Label 的 Text 属性。

4）添加 2 个 Button 控件，并按图 2-10 进行摆放，按标注给每个 Button 控件重命名（修改 Name 属性），按标签上所显示的文字设置 Text 属性。

5）双击“登录”按钮生成相应的 Click 事件。

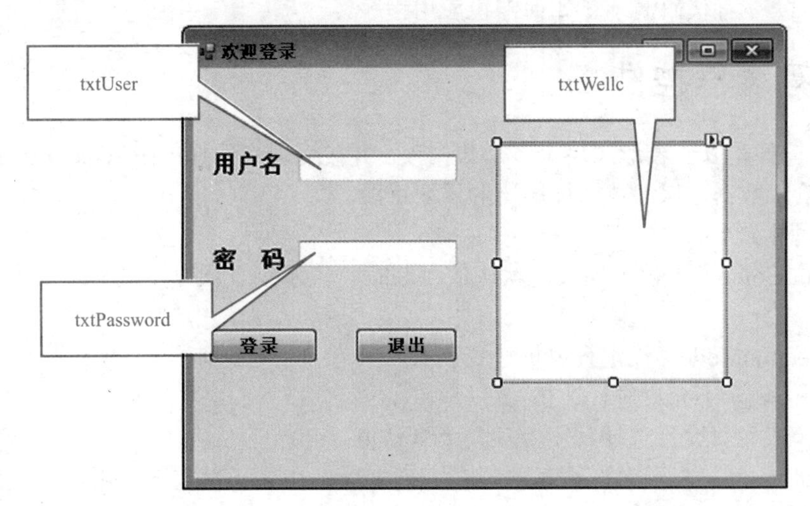

图 2-10 “欢迎登录”对话框

6）在事件方法中输入相应的代码，程序代码如下：

```
1    private void btnLogin_Click(object sender, EventArgs e)
2    {
3      txtWellc.Text =" 欢迎 "+txtUser.Text+" 上线 " + " 您登录的密码是 "+ txtPassword.Text;
4     }
```

7）双击“退出”按钮生成相应的 Click 事件。

8）在事件方法中输入相应的代码，程序代码如下：

```
5     private void btnExit_Click(object sender, EventArgs e)
6     {
7           Application.Exit();
8       }
```

运行结果，如图 2-11 所示。

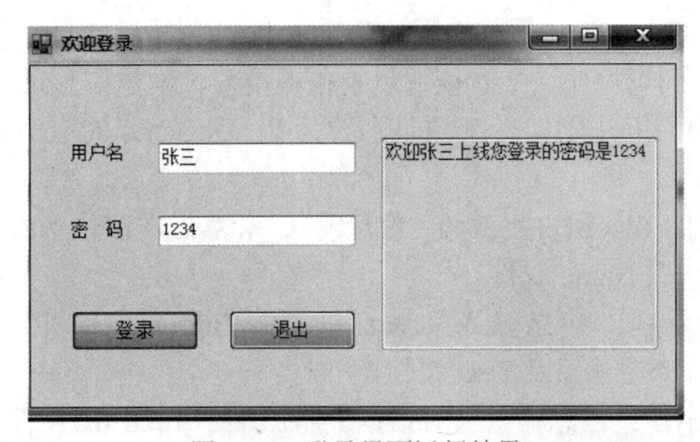

图 2-11 登录界面运行结果

运行程序，分别在 txtUser 和 txtPassword 文本框中输入用户名“张三”和密码“1234”，然后单击“登录”按钮，将会在文本框中显示欢迎词“欢迎张三上线您登录的密码是 1234”。

程序解析：

第 3 行～第 4 行代码演示了如何提取文本框内的字符并将它与其他字符结合显示在另一文本框内。第 7 行代码演示了如何停止应用程序。

2.2.5 列表框控件

ListBox 控件是以列表形式显示多个数据项，并接受用户选择。在 Windows 窗体程序中，使用列表框输入数据是保证数据标准化的重要手段。

特有的属性如下：

（1）MultiColumn　设定列数，默认值为 false，表示列表项以单列显示；为 true 时可以多列显示。

（2）SelectionMode　设定列表框选择模式，共有 4 个可选值。

1）None：表示不允许进行选择。

2）One：表示只允许选择其中一项，为默认值。

3）MultiSimple：表示允许同时选择多个列表项，在这一设定下，用户可以用单击鼠标或按 <space> 键的方法来选择和释放列表项。

4）MultiExtended：表示允许扩展多选，这时可以像在文件管理器中选择多个文件那样。

（3）Sorted　用于设定列表框中的各列表项在程序运行时是否自动排序。它的取值为布尔型，true 表示自动按英文字母顺序排序；false 表示不进行排序，只按列表项的原始次序显示，是系统默认值。

（4）SelectionIndices　返回当前选定项的索引的集合。如果当前没有选定的项，则返回空值。

（5）SelectedIndex　所选择的条目的索引号，第一个条目索引号为 0。如果允许多选，该属性返回任意一个选择的条目的索引号。如果一个也没选，则该值为 -1。

（6）SelectedItem　返回所选择的条目的内容，即列表中选中的字符串。如果允许多选，该属性返回选择的索引号最小的条目。如果一个也没选，该值为空。

（7）Items　预设将在列表框中显示的选项。

（8）ItemHeight　用于设置列表框中的选项高度。

（9）IntegralHeight　用于设置列表框的总体高度。

（10）ColumnWidth　用于设置列表框的列宽度。

【任务 2-3】使用列表控件，文本控件以及按键控件，创建信息录入软件。

1）按第 1 章介绍的方法创建一个项目名称为 ListestDemo 的应用程序，并保存到相应的文件夹下。

2）将窗体 From1 的 Text 属性更改为“信息输入”，然后在窗体上放置 1 个 ListBox 控件，命名为 lstWidnows（修改 Name 属性）。

3）按图 2-12 所示在“信息输入”对话框添加 Button 控件并进行摆放，修改各个 Button 控件相应的 Name 属性以及 Text 属性。

4）按图 2-12 所示在“信息输入”对话框中添加 1 个 TextBox 控件并进行摆放，按标注给 TextBox 重命名（修改 Name 属性）。

5）双击每个按钮生成相应的 Click 事件，选中 txtInput 控件并单击属性窗口的事件按钮，在可用事件的列表中，单击 <Enter> 事件名称右侧的框，输入事件处理程序的名称，然后按

<Enter> 键生成事件。

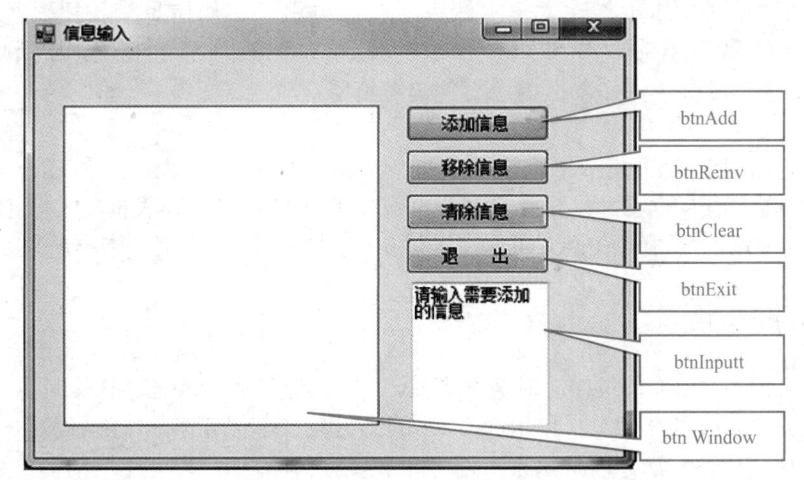

图 2-12 “信息输入”对话框

6）在每个事件方法中输入相应的代码，程序代码如下：

```
1     public Form1()
2     {
3         InitializeComponent();
4         txtInput.Text =" 请输入需要添加的信息 "; // 程序开始运行时在文本框中显示 " 请输入需要添加的信息 "
5     }
6     private void btnAdd_Click(object sender, EventArgs e)
7     {
8         LstWindow.Items.Add(txtInput.Text);  // 向列表框添加内容
9         txtInput.Text = ""; // 清空文本框
10    }
11    private void btnRemv_Click(object sender, EventArgs e)
12    {
13        LstWindow.Items.Remove(LstWindow.Text); // 移除列表框中选中的信息
14    }
15    private void btnClear_Click(object sender, EventArgs e)
16    {
17        LstWindow.Items.Clear(); // 列表框全部清空
18    }
19    private void btnExit_Click(object sender, EventArgs e)
20    {
21        Application.Exit();// 退出程序
22    }
23    private void txtInput_Enter(object sender, EventArgs e)
24    {
25        txtInput.Text = ""; // 程序开始运行，将光标定位到文本框时，清空文本框所显示的内容
26    }
```

运行结果：

运行程序，单击文本框，在文本框输入文字后单击“添加信息”按钮，在列表框中添加一个项目。在列表框中选中一个项目，单击“移除信息”按钮，移除列表框中所选中的项目，单击“清除信息”按钮，将列表框内所有的内容清除。

程序解析：

第6行～第18行代码演示了利用列表框的Items的Add、Remove和Clear方法在列表框添加在文本框中输入的项目、删除在列表框选中的项目和清空列表框中的全部项目。

第25行代码演示了利用Enter事件在光标定位到文本框时清空文本框所显示的内容。

2.2.6 消息框

消息对话框是用MessageBox对象的Show方法显示的。MessageBox对象是命名空间System.Windows.Forms的一部分，Show是一个静态方法，不需要基于MessageBox类的对象创建实例，就可以使用该方法。而且该方法是可以重载的，即方法可以有不同的参数列表形式。

函数原型：

```
MessageBox.Show(Text, Title, Buttons, Icon, Default);
```

参数必须按照上面的顺序输出，参数说明如下：

1）Text：设置消息对话框中的提示文本语句，必须是String类型。

2）Title：设置消息对话框的标题，可以省略。

3）Buttons：可选项，设置消息对话框中显示哪些按钮，默认为只显示“确定”按钮。

例如，MessageBoxButtons. OKCancel；表示显示“确定”和“取消”按钮。

更多的按钮参数设置见表2-1。

表2-1 Button各枚举常量及意义

参　数	作　用
OK	消息框中只有“确定”按钮
OKCancel	消息框中只有“确定”和“取消”按钮
AbortRetryIgnore	消息框中有“中止”，“重试”和“忽略”按钮
YesNoCancel	消息框中有“是”，“否”和“取消”按钮
YesNo	消息框中只有“是”和“否”按钮
RetryCancel	消息框中有“重试”和“取消”按钮

4）Icon：对话框中显示的图标样式，默认为不显示任何图标。

例如，MessageIcon.Question显示问号图标。

常用的图标样式参数设置见表2-2。

表2-2 Icon各枚举常量及意义

参　数	图标类型
Question（提问）	?
Information（信息）	i
Error（错误）	X
Stop（停止）	!
Warning（警告）	None不显示任何图标

5）Default：可选项，对话框中默认选中的按钮设置。Default 默认按钮参数设置见表 2-3。

表 2-3 Default 默认按钮参数设置

参 数	作 用
DefaultButton1	第 1 个 button 是默认按钮
DefaultButton2	第 2 个 button 是默认按钮
DefaultButton3	第 3 个 button 是默认按钮

当用户单击弹出的消息框的某个按钮时，系统会自动返回一个 DialogResult 枚举类型值，使用这个值可进一步完善程序的编程操作。Show 方法的返回值见表 2-4。

表 2-4 Show 方法的返回值

返 回 值	说 明
Abort	消息框的返回值是“中止”（Abort），即单击了“中止”按钮
Cancel	消息框的返回值是“取消”（Cancel），即单击了”取消”按钮
Ignore	消息框的返回值是“忽略”（Ignore），即单击了”忽略”按钮
No	消息框的返回值是“否”（No），即单击了“否”按钮
None	消息框没有任何返回值，即没有单击任何按钮
OK	消息框的返回值是“确定”（OK），即单击了“确定”按钮
Retry	消息框的返回值是“重试”（Retry），即单击了“重试”按钮
Yes	消息框的返回值是“是”（Yes），即单击了“是”按钮

可以通过以下代码获取消息框的返回值：

```
DialogResult dr=MessageBox.Show();
textBox1.Text=dr.ToString();
```

【任务 2-4】通过 Button 控件进行不同类型的消息提示测试。

1）新建一个名称为 MessageBoxTest 的窗体应用程序项目，并保存到相应的文件夹下。

2）在窗体上放置 7 个 Button 控件，并分别按图 2-13 所示的位置进行摆放，按标注给每个 Button 重命名（修改 Name 属性），并按标签上所显示的文字设置每个 Button 的 Text 属性。

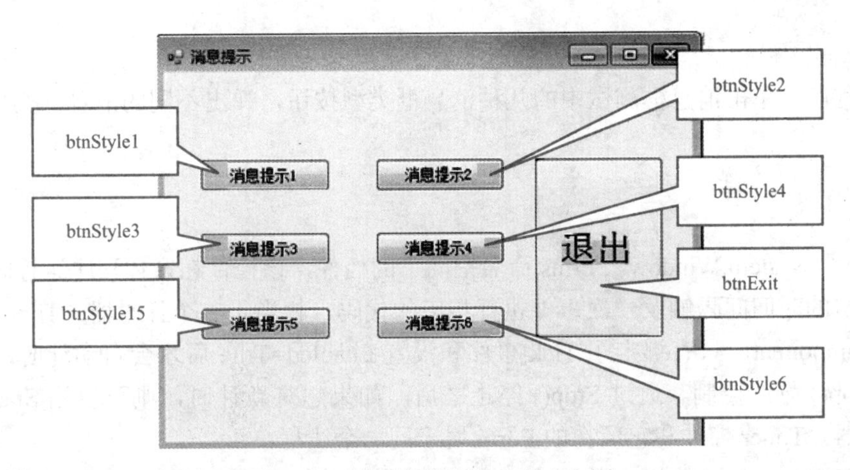

图 2-13 “消息框测试”控件分布图

3）双击每个按钮生成相应的 Click 事件。

4）在每个事件方法中输入相应的代码，程序代码如下：

```
1   private void btnStyle1_Click(object sender, EventArgs e)
2   {
3       MessageBox.Show(" 消息内容 1"," 提示 1", MessageBoxButtons.OK, MessageBoxIcon.Question);
4   }
5   private void btnStyle2_Click(object sender, EventArgs e)
6   {
7       MessageBox.Show(" 消息内容 2", " 提示 2", MessageBoxButtons.OKCancel,MessageBoxIcon.Asterisk);
8   }
9   private void btnStyle3_Click(object sender, EventArgs e)
10   {
11   DialogResult dr = MessageBox.Show(" 消 息 内 容 3", " 提 示 3", MessageBoxButtons.AbortRetryIgnore,
    MessageBoxIcon.Error);
12  }
13  private void btnStyle4_Click(object sender, EventArgs e)
14  {
15      MessageBox.Show(" 消息内容 4", " 提示 4", MessageBoxButtons.YesNoCancel,MessageBoxIcon.Exclamation);
16  }
17  private void btnStyle5_Click(object sender, EventArgs e)
18  {
19      MessageBox.Show(" 消息内容 5", " 提示 5", MessageBoxButtons.YesNo, MessageBoxIcon.Hand);
20  }
21  private void btnStyle6_Click(object sender, EventArgs e)
22  {
23      MessageBox.Show(" 消息内容 6", " 提示 6", MessageBoxButtons.RetryCancel, MessageBoxIcon.Information);
24  }
25  private void bynExit_Click(object sender, EventArgs e)
26  {
27      Application.Exit();
28  }
```

运行结果：

运行程序，单击消息框测试中的几种消息框类型按钮，弹出不同的消息框类型。

2.2.7 计时器

Timer 是 System.Windows.Forms 命名空间下的控件，该控件在窗体程序运行时是非可视的，以一定的时间间隔触发一次事件执行相应的代码，相当于一个计时器。Timer 控件直接继承自 Component。只有绑定了 Tick 事件和设置 Enabled=True 后才会自动计时，停止计时可以用 Stop() 方法控制。通过 Stop() 停止之后，如果想重新计时，则可以用 Start() 方法来启动计时器。Timer 控件和它所在的 Form 属于同一个线程。

C# 2010 中，在属性栏中放置在 WinForm 的所有控件和组件都有一个新增加的属性

GenerateMember，默认值为 true，是扩展属性，也是控制属性，设置为 true 时则在类的其他地方可以引用，否则为 InitializeComponent 方法的一个本地变量，在其他方法中无法对这个控件进行直接引用控制。

Interval 属性值用来控制两个计时器事件之间的时间间隔，其值以 ms（毫秒）为单位。例如，设置为 1000 时，就是每 1s 产生一个计时器事件。

Enabled 决定 Timer 控件的激活状态。如果 Enabled 的值为 true，计时器将每隔 Interval 所指示的时间数触发一次计时器事件 Tick，这个事件也是 Timer 控件的唯一事件。

【任务 2-5】使用 Timer 控件进行计数测试。

操作步骤如下：

1）创建文件，新建一个名称为 TimerTestDemo 的 Windows 应用程序项目并保存到相应的文件夹下。

2）把窗体 form1 的 Text 属性设置为“计时器”。

3）在窗体上放置两个 Button 控件，分别命名为 btnStart、btnStop，Text 属性分别设置为“开始计时”和“停止计时”。

4）在窗体上放置一个 Text 控件，命名为 txtResult。

5）在窗体上放置一个 Label 控件，Text 属性设置为“当前数值”。

6）从“工具箱”的“组件”栏中向窗体拖入一个 Timer 控件。所有控件的摆放位置，如图 2-14 所示。

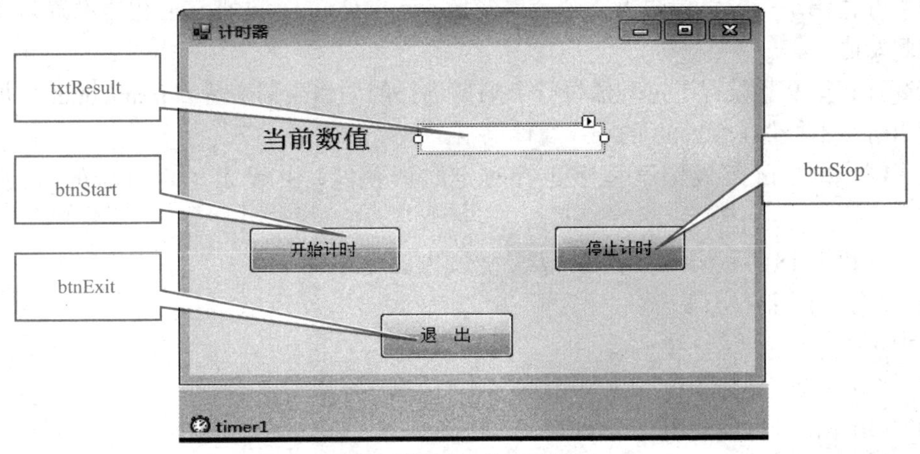

图 2-14　控件的摆放位置

7）双击窗体，生成一个窗体的 Load 事件。双击 Timer 控件生成一个 Click 事件。生成 Timer 控件的 Tick 事件，并打开代码窗口，在其中输入如下代码：

```
1	public int currentCount = 0;// 定义全局变量
2	private void btnStart_Click(object sender, EventArgs e)
3	{
4	   this.timer1.Start(); // 开始计时
5	}
6	 private void timer1_Tick(object sender, EventArgs e)
7	{
8	   currentCount += 1;
```

```
9           this.txtResult.Text = currentCount.ToString().Trim();
10        }
11        private void Form1_Load(object sender, EventArgs e)
12        {
13            this.timer1.Enabled = true; // 设置 Timer 控件可用
14            this.timer1.Interval = 1000; // 设置时间间隔（以 ms 为单位）
15        }
16        private void btnStop_Click(object sender, EventArgs e)
17        {
18            this.timer1.Stop(); // 停止计时
19        }
20        private void btnExit_Click(object sender, EventArgs e)
21        {
22            Application.Exit();
23        }
```

运行结果：

运行程序，单击“开始计时”按钮，Timer 控件启动，程序开始计时，间隔 1s，txtResult 文本控件的 Text 属性值递增 1。

程序解析：

第 1 行代码给主窗体声明了一个全局变量 currentCount，并把它的初值设置为 0，表示时间的起始值。

第 8 行和第 9 行设置了定时器每一个周期进行的动作全局变量 currentCount 增加 1，并转换输出给文本控件 txtResult 的 text 属性输出。

第 13 行和第 14 行设定了程序运行时定时器使能，并设定了定时器的时间间隔为 1000ms。

第 4 行和第 18 行代码给出了定时器启停的方法。

【任务 2-6】综合实训。

实训目的：

1）常用标准控件的各种特性和用途。

2）常用标准控件的使用。

实训内容：

创建一个列表框程序，要求包括两个列表框控件，以第一个列表框作为默认的添加和删除选项，并利用按钮控件实现两个列表框中项目的移动。

实训步骤：

1）新建一个 Windows 应用程序，并把项目命名为“Exp2”。

2）将窗体 From1 的 Text 属性更改为“选项移动”，然后在窗体上放置两个 ListBox 控件，并分别按图 2-15 所示的实训控件分布图进行摆放，按标注给每个 ListBox 重命名（修改 Name 属性）。

3）添加两个 Button 控件，并按图 2-14 所示的实训控件分布图进行摆放，按标注给每个按钮重命名（修改 Name 属性），按标签上所显示的文字设置每个按钮的 Text 属性。

4）添加 1 个 TextBox 控件，并按图 2-14 所示的实训控件分布图进行摆放，按标注给 TextBox 重命名（修改 Name 属性）。

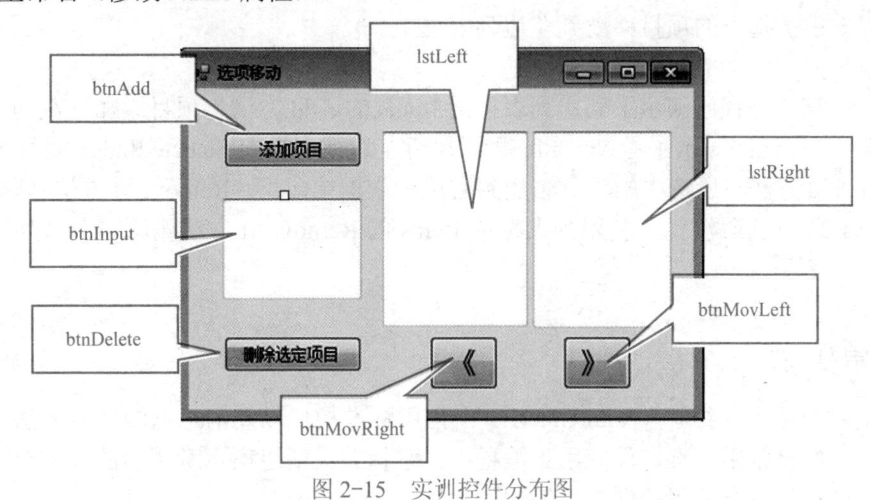

图 2-15　实训控件分布图

5）双击各个按钮生成 Click 事件，并插入如下代码：

```
1      private void btnAdd_Click(object sender， EventArgs e)
2      {  // 在左边列表框添加文本框输入项目
3          lstLeft.Items.Add(txtInput.Text);
4          txtInput.Text = " ";
5      }
6      private void btnMovRight_Click(object sender， EventArgs e)
7      {  // 设计一个循环选择多项
8          while (lstLeft.SelectedIndex > -1)
9          { // 在右边的列表框添加左边列表框选中的选项，移动后删除左边列表框选中项
10           lstRight.Items.Add(lstLeft.Items[lstLeft.SelectedIndex]);
11           lstLeft.Items.RemoveAt(lstLeft.SelectedIndex);
12         }
13    }
14      private void btnMovLeft_Click(object sender， EventArgs e)
15     {
16         while (lstRight.SelectedIndex > -1)
17         { // 在左边的列表框中添加在左边列表框选中的选项，移动后删除在右边的列表框中选中的项
18         lstLeft.Items.Add(lstRight.Items[lstRight.SelectedIndex]);
19             lstRight.Items.RemoveAt(lstRight.SelectedIndex);
20         }
21     }
22     private void btnDelete_Click(object sender， EventArgs e)
23     {  // 删除在左边的列表框中选中的项
24        lstLeft.Items.RemoveAt(lstLeft.SelectedIndex);
25      }
```

运行结果：运行程序，在文本框输入字符串后，单击“添加项目”按钮在左边列表框

中添加一个项目，选中左边列表框中的任意项目，单击“删除项目”将项目删除。选中左边列表框中的项目，单击“>>”按钮将选中的项目移动到右边列表框中，单击“<<”按钮将在右边列表框中所选中的项目移动到左边列表框中。

程序解析：

第 1 行～第 5 行代码演示了利用列表框的 Items 的 Add 方法将项目添加到左列表框中。第 6 行～第 12 行代码演示了通过 while 循环判断左边列表框的 SelectedIndex 属性值是否为 -1，然后用 Add 方法将所选中的项目添加到右边列表框中，再用 RemoveAt 方法移除所选项。第 22 行～第 25 行代码演示了利用列表框的 Items 的 RemoveAt 方法删除在左边列表框中选中的项目。

本章小结

本章主要向读者介绍了 Visual C#.NET 中常用标准控件以及消息框的使用方法，并通过实例讲解了如何将常用标准控件应用到编程中。掌握并灵活运用本章所学的内容至关重要，后继章节将进一步介绍使用控件进行编程的方法。

本章学习的是程序设计的基础知识，如果没有这些基础知识，程序设计就没有办法进行。本章内容比较枯燥，需要记忆的知识比较多，但是结合前置课程C语言的知识点，通过一些实例训练，用得多了，就能逐步掌握。

3.1 C# 中的关键字和标识符

3.1.1 关键字

关键字又称保留字，就是指C#编译系统预定义的保留标识符，在C#中共有76个关键字（如语句if、while、for等）。由于关键字有了特定的用途，因此在程序编写过程中就不能用这些关键字定义变量和其他一些符号，否则程序编译就会出错，不能通过编译。C#关键字见表3-1。

表 3-1 C# 中的关键字

Abstract	As	Base	Bool	break	Byte
Char	Checked	Class	Const	Continue	Decimal
If	Goto	Foreach	For	Float	Fixed
Extern	Explicit	Event	Enum	Else	Double
Implicit	Int	Interface	Internal	Is	Lock
New	Null	Object	Operator	Out	Override
Static	Stachalloc	Sizeof	Short	Scaled	Sbyte
Readonly	Public	Protected	Private	Params	Switch
True	Try	Typeof	Unit	Ulong	Unchecked
Using	While	Void	Virtual	Case	In
Throw	False	Catch	Long	Default	Namespace
Ushort	Return	Delegate	Struct	This	Do
String	Ref	Unsafe	Finally		

表中的关键字是按字母顺序排列的，有些用于表示数据类型，有些用于类的定义，还有一些用于函数成员的定义等，都具有特殊的意义。在编程环境中，这些关键字会显示为蓝色。在之前的编程学习过程中，已经了解了一些关键字，之后会逐渐了解更多，从而理解各个关键字的具体含义。

3.1.2 标识符

在编写程序时，除了要使用关键字之外，定义变量、函数等名称时，要使用标识符。标识符的含义：用户自己定义的一系列字符序列，用来区分各自不同的对象。

标识符命名的规范：

1）只能由字母、数字、汉字、下画线组成，且必须以字母或下画线开头。例如，abc12，_abc 等。如果使用 1a 作为标识符则是错误的，应该是 a1。

2）为了提高程序可读性与记忆性，标识符要有一定的意义。在标识符命名时，尽可能做到“见名知意”，可以提高程序的可读性，使得设计的程序可读性高、易懂。

3）用户定义的标识符不能与 C# 语言的关键字（保留字）同名。关键字是 C# 编译系统预定义的保留标识符，程序设计中定义标识符不能使用关键字，否则会报错，编译失败。

4）C# 对标识符的大小写敏感，一定要注意大小写一致。例如，定义一个标识符为 Abc，在使用这个标识符时，写成 abc 就会报错，这两个是不同的标识符，而不是同一个标识符。

5）标识符中不能包含空格。

注意:

虽然标识符的命名可以使用汉字，但是为了系统的整体协调性和减少兼容的冲突，在程序设计时尽量不要使用汉字作为标识符。

3.1.3 C# 的两种命名约定

C# 的两种命名约定：CamelCase 和 PascalCase。

定义标识符的作用是用来区分不同的对象，为了提高程序的可读性，定义的标识符要有一定的意义，方便其他编程者读懂程序。目前并没有统一的命名约定，在当下比较流行是的是“骆驼拼写法”和“帕斯卡拼写法”，接下来简要介绍一下两种规则。

CamelCase 规则：依靠单词的大小写拼写复合词的做法，叫做“骆驼拼写法”。例如，backColor 这个复合词，color 的第一个字母采用大写。这种拼写法在正规的英语中是不允许的，但是在编程语言和商业活动中却大量使用。它之所以被叫做“骆驼拼写法”，是因为大小写的区分使得复合词呈现“块状”（bump），看上去就像骆驼的驼峰（hump）。

“骆驼拼写法”又分为两种。第一个词的首字母小写，后面每个词的首字母大写，叫做“小骆驼拼写法”（lowerCamelCase）；第一个词的首字母以及后面每个词的首字母都大写，叫做“大骆驼拼写法”（UpperCamelCase），又称“帕斯卡拼写法”（PascalCase）。

PascalCase 规则：一种计算机编程中的变量命名方法。它主要的特点是将描述变量作用所有单词的首字母大写，然后直接连接起来，单词之间没有连接符。例如：

Age

LastName

WinterOfDiscontent

跟帕斯卡拼写法相近的还有骆驼拼写法（camelCase），两者的区别是帕斯卡拼写法第一个单词的首字母大写，而骆驼拼写法第一个单词的首字母小写。两者在 .NET Framework 开发中广泛使用。

Microsoft 建议：对于简单的变量使用 camelCase，而对于比较高级的命名规则使用 PascalCase。

3.2 数据类型

在计算机系统中，根据数据的一些共同特性对具体数据进行归纳分类，抽象出共同点（取值和操作的集合）得到的集合就是数据类型。数据类型只是数据的类型而已，也就是数据类型的取值和操作的集合。数据的抽象化就是各个具体数据抽象出来的共同属性和行为。数据类型（Data Type）是用来约束数据的解释。在 C# 编程语言中，常见的数据类型分为两大类：值类型（Value Type）和引用类型（Reference Type）。C# 中数据类型分类，如图 3-1 所示。

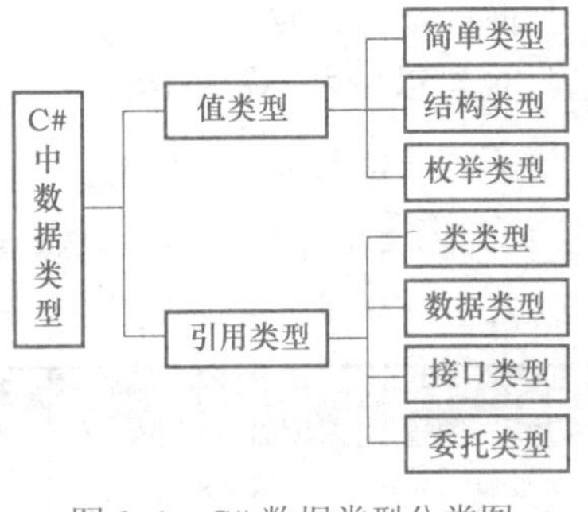

图 3-1 C# 数据类型分类图

本节主要介绍值类型（简单类型、结构类型、枚举型），值类型变量存储的是数据，而引用类型变量存储的是数据的索引。

3.2.1 简单类型

简单类型也叫基本数据类型，包括整型、字符型、布尔型、非整型；在 C# 中所有的简单类型都是 .NET 框架系统类型的别名。例如，char 是 System.Char 的别名，具体如下。

1．整型

C# 支持 8 个预定义整数类型，见表 3-2。

表 3-2 整数类型

名 称	CTS 类型	说 明	范 围
sbyte	System.SByte	8 位有符号的整数	–128 ~ 127（-2^7 ~ 2^7-1）
short	System.Int16	16 位有符号的整数	–32 768 ~ 32 767（-2^{15} ~ $2^{15}-1$）
int	System.Int32	32 位有符号的整数	–2 147 483 648 ~ 2 147 483 647（-2^{31} ~ $2^{31}-1$）
long	System.Int64	64 位有符号的整数	–9 223 372 036 854 775 808 ~ 9 223 372 036 854 775 807（-2^{63} ~ $2^{63}-1$）
byte	System.Byte	8 位无符号的整数	0 ~ 255（0 ~ 2^8-1）
ushort	System.Uint16	16 位无符号的整数	0 ~ 65 535（0 ~ $2^{16}-1$）
uint	System.Uint32	32 位无符号的整数	0 ~ 4 294 967 295（0 ~ $2^{32}-1$）
ulong	System.Uint64	64 位无符号的整数	0 ~ 18 446 744 073 709 551 615（0 ~ $2^{64}-1$）

C# 支持 8 ～ 64 位的有符号和无符号的整数，其中 byte 是 0 ～ 255（包括 255）的标准 8 位类型。这里需要注意的是，与整数中的其他类型不同，byte 类型在默认状态下是无符号的，其有符号的版本有一个特殊的名称 sbyte。

short 在 .NET 中有 16 位，int 类型可以支持 32 位，long 类型最长，有 64 位。所有整数类型的变量都能赋予十进制或十六进制的值，后者需要 0x 前缀。例如：

```
long x = 0x12ab;
```

如果对一个整数是 int、uint、long 或是 ulong 没有任何显式的声明，则该变量默认为 int 类型。为了把键入的值指定为其他整数类型，可以在数字后面加上如下字符。例如：

```
uint ui = 1234U;
long l = 1234L;
ulong ul = 1234UL;
```

也可以使用小写字母 u 和 l，但后者会与整数 1 混淆。

2．浮点类型

C# 也支持浮点类型，见表 3-3。

表 3-3　浮点类型

名　称	CTS 类型	说　明	位　数	范围（大致）
float	System.Single	32 位单精度浮点数	7	$\pm1.5\times10^{-45}$ ～ $\pm3.4\times10^{38}$
double	System.Double	64 位双精度浮点数	15/16	$\pm5.0\times10^{-324}$ ～ $\pm1.7\times10^{308}$

float 数据类型用于较小的浮点数，因为它要求的精度较低。

double 数据类型比 float 数据类型大，提供的精度也大一倍（15 位）。

如果在代码中没有对某个非整数值（如数字 12.3）硬编码，则编译器一般假定该变量是 double。

如果想指定该值为 float，则可以在其后加上字符 F（或 f）。例如：

```
float f = 12.3F;
```

3．decimal 类型

decimal 类型表示精度更高的浮点数，表示 128 位数据类型，适用于财务和货币的计算，表示的大致范围和精度见表 3-4。

表 3-4　decimal 类型表

名　称	CTS 类型	说　明	位　数	范围（大致）
decimal	System.Decimal	128 位高精度十进制数表示法	28	$\pm1.0\times10^{-28}$ ～ $\pm7.9\times10^{28}$

要把数字指定为 decimal 类型，可以在数字的后面加上字符 M 或（m）。例如：

```
decimal d=12.30M;
```

如果没有后缀 m，则数字将被默认为 double 类型，可能导致编译出错。所以建议在项目实施过程中，进行财务货币计算时，统一使用 decimal 类型。

4．bool（布尔）类型

在 C# 中 bool 类型用于包含布尔值 true 或 false，见表 3-5。

表 3-5 bool 类型

名　称	CTS 类型	说　明	位　数	值
bool	System.Boolean	表示 true 或 false	NA	true 或 false

bool 值和整数值不能相互隐式转换。如果变量（或函数的返回类型）声明为 bool 类型，则只能使用值 true 或 false。如果使用 0 表示 false，非 0 值表示 true，则会出错。这一点与 C++ 相同。

5．char 字符类型

char 字符类型是用来处理 Unicode 字符的。Unicode 字符是 16 位字符，所以 C# 的 char 包含 16 位。其部分原因是不允许在 char 类型与 8 位 byte 类型之间进行隐式转换。char 字符类型见表 3-6。

表 3-6 char 字符类型

名　称	CTS 类型	值
char	System.Char	表示一个 16 位的（Unicode）字符

char 类型的字面量是用单引号括起来的，例如，'A'。如果把字符放在双引号中，则编译器会把它看作是字符串，从而产生错误。除了把 char 表示为字符字面量之外，还可以用 4 位十六进制的 Unicode 值（例如，'\u0041'），带有数据类型转换的整数值（例如，(char)65），或十六进制数（例如，'\x0041'）表示它们。它们还可以用转义序列表示，见表 3-7。

表 3-7 用转义序列表示

转义序列	字　符
\'	单引号
\"	双引号
\\	反斜线
\0	空
\a	警告
\b	退格
\f	换页
\n	换行
\r	回车
\t	水平制表符
\v	垂直制表符

3.2.2 字符串类型

1．string 类型

C# 中提供了比较全面的字符串处理方法，很多函数都进行了封装，为编程工作提供了很大的便利。System.String 是最常用的字符串操作类，可以帮助开发者完成绝大部分的字符串操作功能，使用方便。string 类型表示零个或多个 Unicode 字符的序列。

尽管 string 为引用类型，定义相等运算符（== 和 !=）是为了比较 string 对象（而不是引用）的值。这使得对字符串相等性的测试更为直观。例如：

```
string a = "hello";
string b = "h";
b += "ello";  // 添加 'b'
Console.WriteLine(a == b);
Console.WriteLine((object)a == (object)b);
```

结果将显示“True”，然后显示“False”，因为字符串的内容是相等的，但 a 和 b 并不指代同一字符串实例。

使用 + 运算符可连接字符串。例如：

```
string a = "good " + "morning";
```

这将创建包含“good morning”的字符串对象。

字符串是不可变的，即字符串对象在创建后，尽管从语法上看似乎可以更改其内容，但事实上并不可行。例如，编写此代码时，编译器实际上会创建一个新的字符串对象来保存新的字符序列，且该新对象将赋给 b。然后，字符串“h”便可进行垃圾回收。例如：

```
string b = "h";
b += "ello";
```

使用“[]”运算符可用于只读访问 string 的个别字符。例如：

```
string str = "test";
char x = str[2];  // x = 's';
```

字符串文本属于类型 string 且可编写为两种形式，带引号和 @-quoted。带引号字符串括在一对双引号（" "）内。例如：

```
"good morning"
```

字符串文本可包含任何字符文本，包括转义序列。下面的示例使用转义序列“\\”表示反斜线，使用“\u0066”表示字母 f，使用“\n”表示换行符。例如：

```
string a = "\\\u0066\n";
Console.WriteLine(a);
```

2．格式化字符串

Format 方法用于创建格式化的字符串以及连接多个字符串对象。Foramt 方法也有多个重载形式，最常用的是：

```
public static string Format(string format,params object[] args);
```

其中，参数 format 用于指定返回字符串的格式，而 args 为一系列变量参数。可以通过下面的实例来掌握其使用方法。

（1）格式

string str=string.Format(formats, 参数列表)；

其中 formats 为包含一个或多个格式规范 {N[,M][:Sn]}，该方法返回的字符串，是将 formats 字符串中的第一个格式规范替换为参数列表中的第一个值（该值被转换为字符串），第二个格式规范替换为参数列表中的第二个参数的值，依此类推。

（2）参数 {N[,M][:Sn]}

N 是从零开始的整数，表示要格式化的参数，0 表示要格式化的参数是参数列表中的第一个参数，1 表示要格式化的参数是参数列表中的第二个参数，依此类推。

M 是可选的整数，表明包含格式化的值的区域的宽度，当实际宽度小于 M 时，剩余部分用空格填充。如果 M 的符号为负，则格式化值在区域中左对齐；如果 M 的符号为正，则该值右对齐。

S 和 n 可选，分别表示格式字符和小数位数，见表 3-8。

表 3-8 格式字符

格式字符	格式字符说明	举 例	Str 输出
C、c	货币	str=string.Format("{0:C},{1:c1},"2.5,-8.52);	$2.50,$8.5
D、d	十进制	str=string.Format("0:d5",25);	00025
E、e	科学型	str=string.Format("{0:e}",250000);	2.500000E+005
F、f	固定点	str=string.Format("x={0:F2},y={1:F0}",25,25);	x=25.00,y=25
G、g	常规	str=string.Format("{0:G9}",2.5);	2.5
N、n	数字	str=string.Format("{0:N3}",122.5432);	122.543
P、p	百分比	str=string.Format("{0:P}",0.5678);	56.78%

3.3 数组

前面介绍的整型、浮点型、布尔型、字符型等都是一些简单的数据类型，这些数据类型可以用来存放一些简单变量。然而，在实际应用中，常常需要处理同一类型的成批数据，例如，表示一个数列 a1，a2，…，an，一个矩阵等。这就需要引入数组的概念。利用数组，可以方便灵活地组织和使用以上数据。所以说数组是一个存储相同类型元素的固定大小的顺序集合。数组是用来存储数据的集合，通常认为数组是一个同一类型变量的集合。声明数组变量并不是声明 number0、number1……number99 等单独的变量，而是声明一个就像 numbers 这样的变量，然后使用 numbers[0]、numbers[1]……numbers[99] 来表示单独的变量。数组中某个指定的元素是通过索引来访问的。

所有的数组都是由连续的内存位置组成的。最低的地址对应第一个元素，最高的地址对应最后一个元素。

简单数组（一维数组）

（1）一维数组的声明与创建

1）数组的声明。数组是一种数据结构，它可以包含同一个类型的多个元素。在 C # 中，声明一维数组的方式是在类型名称后添加一对方括号，如下所示：

数据类型 [] 数组名

```
int[] myArray; // 定义了一个整型数组 myArray。
```

声明一个数组时不需要先确定数组的长度，数组的大小不是其类型的内容。

2）数组初始化。声明了数组之后，就必须为数组分配内存，以保存数组的所有元素。

数组是引用类型，所以必须给它分配堆上的内存。为此，应使用 new 运算符，指定数组中元素的类型和数量来初始化数组的变量。

如下所示：

数组名 = new 数据类型 [数组大小表达式]

例如，下列语句对已声明的 myArray 数组变量创建一个由 4 个整型数据组成的数组：

```
myArray=new int[4];
```

在声明和初始化数组后，变量 myArray 就引用了 4 个整数值，它们位于托管堆上，如图 3-2 所示。

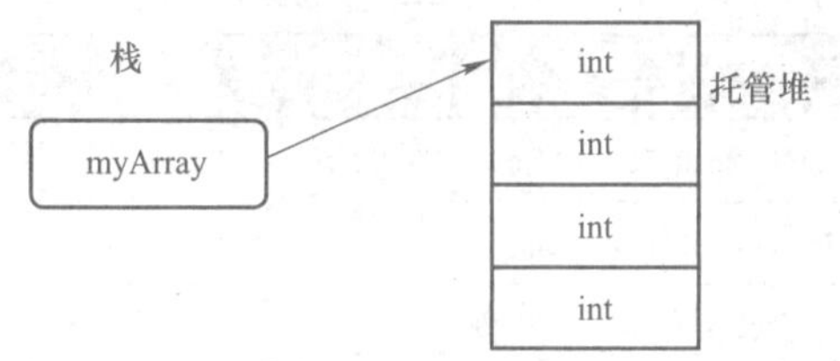

图 3-2　堆栈示意图

在指定了数组的大小后，就不能重新设置数组的大小。此时数组包含 myArray[0] ～ myArray[4] 这几个元素。new 运算符用于创建数组并将数组元素初始化为它们的默认值。在此例中，所有数组元素都初始化为 0。

除了在两个语句中声明和初始化数组之外，还可以在一个语句中声明数组。例如：

```
int[] myArray = new int[4];
```

这时数组元素初始化为空字符串。数组的 Length 属性保存数组中当前包含的元素总数，一维数组的长度可通过以下方法获得。例如：

```
int[] myArray=new int[8]; // 声明一个整型数组，并将其长度初始化为 8
int n=myArray.Length; // 现在 n 获得数组 myArray 的长度 ( 大小 )，值为 8
```

（2）一维数组的初始化

前面讲了数组的声明，在 C# 中声明数组的同时也可以对其进行初始化，只需将初始值放在大括号“{}”内即可，表达式如下：

数据类型 [] 数组名 = new 数据类型 [] { 初值表 }

其中，初值表中的初始数据用逗号分隔。例如，将上面声明语句初始化（这种情况下，数组的长度由大括号中的元素个数来确定），其中每个数组元素被初值表中的数据初始化。例如：

```
int[] myArray = new int[] {1, 3, 5, 7};
```

如果大括弧中的元素为字符串型数据，则需要加双引号。以下声明一个长度为 3 的字符串数组，并用人名进行初始化。例如：

```
string[] stuName = new string[] {"John", "Tom", "Mary"};
```

如果在声明数组时将其初始化，则可以使用更简单的形式，省略 new 语句而使用下列快捷方式：

```
int[] myArray = {1, 3, 5, 7};
```

注意：

如果声明一个数组变量但不将其初始化，则在使用数组时应使用 new运算符将其实例化，如果省略 new则编译错误。例如：

```
Int[] myArray;
myArray = new int[]{1, 3, 5, 7};
```

而语句 myArray = {1, 3, 5, 7} 是错误的。

（3）一维数组的元素的访问

在声明和初始化数组之后，可以使用索引器访问其中的元素。数组只支持有整型参数的索引器。索引器总是以 0 开头，表示第一个元素。可以传递给索引器的最大值是元素个数减 1，因为索引从 0 开始。

访问一维数组元素的方式为：

数组名 [索引]

例如，上面的初始化的例子：int[] arr = {1, 3, 5, 7}；

执行后，各处元素按顺序排列，如图 3-3 所示。

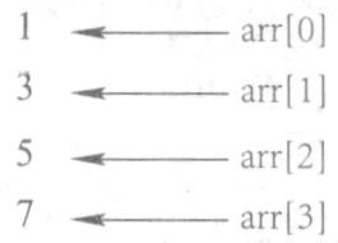

1 ←—— arr[0]
3 ←—— arr[1]
5 ←—— arr[2]
7 ←—— arr[3]

图 3-3 数组元素排列图

对数组进行赋值时，可以像访问变量的形式直接给数组元素赋值，也可以使用循环语句给每个元素赋值。例如：

```
int[] a = new int[4];
a[0] = 8;  // 给 a[0] 赋值 8
a[4] = a[0];  // 给 a[4] 赋值 a[0]，最终 a[4] 也将获得整数 8 的值
```

程序分析：上面的语句定义、创建一个大小为 4 的整型数组 a，并给数组元素 a[0]、a[4] 赋值。例如：

```
1  int[] myArray = new int[5]; // 声明一个长度为 10 的数组
2  for (int i = 0; i < 5; i++)
3  {
4  myArray[i] = 10; // 使用循环语句将数组中的每个元素都赋值为 10
5  }
```

程序解析：上面的语句使用 for 循环遍历数组的每个元素，给每个元素赋值 10。

这里需要注意，循环的退出条件 i<5 中，如果不小心把 5 写成 6 将引发异常。这里应该访问数组的 Length 属性来得到数组的长度，而索引是从 0 开始的，最大到 Length−1，所以可以将以上代码进行如下更改将更为合理。

例：
```
1  int[] myArray = new int[5]; // 声明一个长度为 10 的数组
2  for (int i = 0; i < myArray.Length; i++)
3  {  // 使用循环语句将数组中的每个元素都赋值为 10
4  myArray[i] =10;
5  }
```

3.4 变量和常量

3.4.1 变量

在计算机系统中，处理的数据是存在存储器中的，存储单元可以用一个名称也就是一个标识符来表示，例如，要计算 55+60，55 和 60 都是存在于存储单元中的，可以定义 X 和 Y，

并用 X 代表 55，Y 代表 60，则上面的算式可以写成 X+Y。所以在程序设计中，变量可以用于保存程序运行过程中的输入数据、计算的结果值及其中间数据等。

变量的声明格式：

在 C# 中，变量必须先定义后使用，其声明格式为：

格式 1：[变量修饰符] 类型说明符 变量名 1= 初值 1，变量名 2= 初值 2，……；

格式 2：[变量修饰符] 类型说明符 变量名 1，变量名 2，……；

其中变量修饰符的作用是限制变量的有效作用区域，共有 5 种，分别为 public、private、protected internal、protected、internal，默认为 private。其含义见表 3-9。

表 3-9　变量修饰符说明

修饰符	含义说明
Public	变量在程序任何地方均可以被访问
Private	变量只能在其所属的类型中被访问
Internal	变量只能在当前程序中被访问
Protected	变量只能在所属的类型中被访问，或者在派生该类型的其他类型中被访问
Protected internal	变量只能在当前程序中被访问，或者在派生当前类型的其他类型中被访问

这里需要注意的是，修饰符能且只能同时使用一个。

变量声明格式中的类型说明符：例如 int、char、double 等。

例：声明 3 个变量分别代表汽车的平均速度、行驶时间及行驶距离。声明 3 个变量：v、t、s，计算行驶距离的公式为 s=v*t，定义变量代码为：

```
1  int s;
2  int v, t;
```

变量的声明总结如下：

1）在变量的定义中，变量修饰符与类型说明符只能指定一次。

2）当同时声明多个相同数据类型的变量时，必须注意在变量与变量之间用逗号分隔。

3）变量声明完毕，用分号结束。

变量可以出现在表达式和函数中，但多数情况是出现在赋值语句的赋值符的左侧，接受右侧的赋值。结合以上的定义编写一个控制台应用程序，已知汽车的平均速度和行驶时间，计算汽车的行驶里程。主要代码如下：

```
1  int s;// 变量存储单元，存储行驶里程
2  int v=120,t=4;// 表示速度为 120km/h，时间为 4h
3  s=v*t;// 赋值语句，把表达式的值计算出来赋给变量
4  Console.WriteLine(" 车的行驶里程为 "+s);// 在控制台程序中输出结果
5  Console.Read();
```

运行结果为 480，控制台输出，如图 3-4 所示。

图 3-4　输出结果图

在 C# 中，变量有两种分类方法：按变量的使用范围可以分为局部变量和全局变量，按变量的引用方式可以分为静态变量和实例变量。

1．局部变量和全局变量

局部变量是指在一个方法体内、一个程序块内或者一个语句块内声明变量，仅在局部范围内有效，即当程序运行到这个局部范围内时，这个声明的变量才有效，超出这个局部范围该局部变量就失效了。例如：

```
1  foreach(char ch in xchar)
2  {
3    Console.Writeline( "{0}" ,ch)
4  }
```

其中的 ch 就是一个局部变量，仅在声明处及大括号中有效，超出这一范围就不存在了。而全局变量指的是类中定义的字段或者属性，在该类的所有方法中都可以使用，对于该类的成员来说，全局变量是全局可见的。

2．静态变量和实例变量

静态变量的类型关键字是 static。静态变量当然是属于静态存储方式的，但是属于静态存储方式的量不一定就是静态变量，例如，外部变量虽然属于静态存储方式，但不一定是静态变量，必须由 static 加以定义后才能成为静态外部变量（或称静态全局变量）。对于自动变量，它属于动态存储方式。但是也可以用 static 定义它为静态自动变量（或称静态局部变量），从而成为静态存储方式。由此看来，一个变量可由 static 进行再说明，并改变其原有的存储方式。

静态局部变量属于静态存储方式，它具有以下特点：

1）静态局部变量在函数内定义，但不像自动变量那样，调用时就存在，退出函数时就消失。静态局部变量始终存在着，也就是说它的生存期为整个源程序。

2）静态局部变量的生存期虽然为整个源程序，但是其作用域仍与自动变量相同，即只能在定义该变量的函数内使用该变量。退出该函数后，尽管该变量还继续存在，但不能使用它。

3）允许对构造类静态局部量赋初值。若未赋以初值，则由系统自动赋值。数值型变量自动赋初值 0，字符型变量赋空字符。

4）对基本类型的静态局部变量，若在说明时未赋以初值，则系统自动赋予 0 值。而对自动变量不赋初值，则其值是不定的。根据静态局部变量的特点，可以看出它是一种生存期为整个源文件的变量。虽然离开定义它的函数后不能使用，但如再次调用定义它的函数时，它又可以继续使用了，而且保存了前次被调用后留下的值。因此，当多次调用一个函数且要求在调用之后保留某些变量的值时，可考虑采用静态局部变量。虽然用全局变量也可以达到上述目的，但全局变量有时会造成意外的副作用，因此仍以采用静态局部变量为宜。

相对于静态变量，凡是没有使用 static 声明的变量都成为实例变量，又叫做非动态变量。

3.4.2 常量

“常量”的广义概念是：不变化的量。例如，在计算机程序运行时，不会被程序修改的量；数学函数中的某一个量，例如，每一个具体的圆的半径、直径数值；物理学中的靠近地面的重力加速度；真空中的光速数值；不同的微粒的各自的质量。换言之，常量，在计算机技术方面虽然是为了硬件、软件、编程语言服务，但是它并不是专门为硬件、软件、编程语言而引入的概念。常量可区分为不同的类型，例如，25、0、−8 为整型常量；6.8、−7.89 为实型常量；'a'、'b' 为字符常量。总而言之，常量就是所保存的值始终保持不变的存储单元的名称。

常量的声明格式为：

[常量修饰符] const 类型说明符 变量名 = 常量表达式；

```
private const double Pi=3.14159;
cons int i=4，j=8;
```

这里需要注意的是，数值常量声明的时候必须要赋初值，而符号常量声明以后就不能像变量那样给它赋值，它的值是保持不变的。

3.5 隐式类型转换和显式类型转换

在 C# 语言中，一些预定义的数据类型之间存在着预定义的转换。例如，从 int 类型转换到 long 类型。C# 语言中数据类型的转换可以分为两类：隐式类型转换（implicit conversions）和显式类型转换（explicit conversions）。下面详细介绍这两类转换。

3.5.1 隐式类型转换

隐式类型转换就是系统默认的、不需要加以声明就可以进行的转换。在将一种类型转换为另一种类型的过程中不需要人为添加代码去实现，编译器无需对转换进行详细检查就能够安全地执行转换。

例如，从 int 类型转换到 long 类型就是一种隐式类型转换。隐式类型转换一般不会失败，转换过程中也不会导致信息丢失。例如：

```
int i=10;
long j=i;
```

隐式类型转换包括以下几种：

1）从 sbyte 类型到 short、int、long、float、double 或 decimal 类型的转换。

2）从 byte 类型到 short、ushort、int、uint、long、ulong、float、double 或 decimal 的转换类型。

3）从 short 类型到 int、long、float、double、或 decimal 类型的转换。

4）从 ushort 类型到 int、uint、long、ulong、float、double 或 decimal 类型的转换。

5）从 int 类型到 long、float、double 或 decimal 类型的转换。

6）从 uint 类型到 long、ulong、float、double 或 decimal 类型的转换。

7）从 long 类型到 float、double 或 decimal 类型的转换。

8）从 ulong 类型到 float、double 或 decimal 类型的转换。

9）从 char 类型到 ushort、int、uint、long、ulong、float、double 或 decimal 类型的转换。

10）从 float 类型到 double 类型的转换。

其中，从 int、uint 或 long 到 float 以及从 long 到 double 的转换可能会导致精度下降，但决不会引起数量上的丢失。其他的隐式类型转换则不会有任何信息丢失。

结合前面学习到的值类型的范围，可以发现，隐式类型转换实际上就是从低精度的数值类型到高精度的数值类型的转换。

从上面的 10 种转换可以看出，不存在到 char 类型的隐式类型转换，这意味着其他整型值不能自动转换为 char 类型，同样也不存在浮点型与 decimal 类型之间的转换。

3.5.2 显式类型转换

显式类型转换又叫强制类型转换。与隐式类型转换正好相反，显式类型转换需要用户明确地指定转换的类型。例如，要把一个 long 型转化成 int 型，或者把一个数字转化成字符型。例如：

```
long l=5000;
int i=(int)l;
```

显式类型转换适用于高精度向低精度数据类型的转换，一般格式如下：

格式 1：（数据类型）表达式;

格式 2： 数据类型 .Parse();

格式 3： 变量（表达式）.ToSring();

1．格式 1

适用范围：适用于 long 类型或浮点型等数据类型到 int 类型的转换。例如：

```
long data1 = 100;
int  data2 = data1; // 错误，需要使用显式类型转换
int  data2 = (int)data1; // 正确，使用了显式类型转换
```

2．格式 2

适用范围：适用于数字格式的 string 到 int 类型或双整型转换。例如：

```
string string1 = "12345";
int data1 = (int)string1; // 错误，string 类型不能直接转换为 int 类型，字符串类型转换为整型不能使用格式 1
int data1 = Int32.Parse(string1); // 正确 , 将字符型转换为整型
double data1=double.Parse(string1);// 正确，将字符型转换为双整型
```

3．格式 3

适用范围：适用于数字与字符串间相互转换。例如：

```
int i=10;
string s=i.ToString();
```

为了确保显式类型转换的正常执行，要求源变量的值必须是 null 或者它所引用的对象的类型可以被隐式类型转换为目标类型。否则显式类型转换失败，将抛出一个 InvalidCastException 异常。

不论是隐式类型转换还是显式类型转换，虽然可能会改变引用值的类型，却不会改变值本身。

【任务 3-1】 编写 Windows 应用程序，项目名称为 windowFtoC，将其保存于以学号姓名命名的文件夹内，程序实现的功能是华氏温度向摄氏温度的转换。

“温度转换”窗体界面，如图 3-5 所示。

图 3-5 温度转换窗体界面

实施步骤：

1）新建一个 Windows 应用程序，并把项目命名为 Temperatureconversion。

2）把窗体命名为 MainForm，Text 属性设置为“温度转换”。

3）添加两个 Label 控件，Text 属性分别改为“请输入华氏温度”和“转换后的摄氏温度”。

4）添加两个 Textbox 控件，修改 Name 属性为 txtF 对应华氏温度，txtC 对应摄氏温度。

5）在窗体上放置 1 个 Button 控件并命名为 cmdExChange，Text 属性设置为“转换”。

6）双击按钮，生成一个 Click 事件，添加以下程序代码：

```
1   private void cmdExChange_Click(object sender, EventArgs e)
2   {
3     double f, c;
4     f = double.Parse(txtF.Text);
5     c = 5.0 * (f - 32.0) / 9.0;
6       txtC.Text = c.ToString();
7   }
```

程序分析：代码第 3 行定义了两个变量，分别用来存放华氏温度和摄氏温度。第 4 行从文本框获取数值，显式类型转换和赋值给 f。第 5 行代码是华氏温度与摄氏温度转换的公式。第 6 行代码将计算结果，转换成字符串型赋值给 TextBox 控件的 Text 属性输出。

3.6　运算符与表达式

运算符和表达式是程序的基本构成，程序的任务是对数据进行处理，数据是程序处理的对象，而运算符是施加给这些数据的操作。数据和运算符是表达式的基本元素。表达式由变量、常量、运算符、函数和圆括号按一定的规则组合而成的。

C# 中的部分运算符分类列表，见表 3-10。

表 3-10　运算符分类

<table>
<tr><th>运算符类别</th><th>运　算　符</th></tr>
<tr><td>基本算术运算</td><td>+ - * / % ^ !</td></tr>
<tr><td>递增、递减</td><td>++ --</td></tr>
<tr><td>位移</td><td>>></td></tr>
<tr><td>逻辑</td><td>& | ! - && ||</td></tr>
<tr><td>赋值</td><td>= += -= *= /= %= &= |= ^= <<= >>=</td></tr>
<tr><td>关系</td><td>== != < > <= >=</td></tr>
<tr><td>字符串串联</td><td>+</td></tr>
<tr><td>成员访问</td><td>.</td></tr>
<tr><td>索引</td><td>[ ]</td></tr>
<tr><td>转换</td><td>( )</td></tr>
<tr><td>条件运算</td><td>?:</td></tr>
</table>

以上是按照运算符的功能来分类的，如果按所需操作数的数量来分，则可以分为 3 类：

1）一元运算符：一元运算符带 1 个操作数并使用前缀表示法（如 –x）或后缀表示法（如 x--）。

2）二元运算符：二元运算符带两个操作数并且全都使用中缀表示法（如 x+y）。

3）三元运算符：只有一个三元运算符 ?:，它带 3 个操作数并使用中缀表示法（如 c? x: y）。

注：这里所讲的几元运算符的元指的是元素。

3.6.1 算术运算符

（1）基本算术运算符

1）+（加号）：加法运算符或正值运算符或连接符。

当该运算符用作加法运算时，作为二元运算符，例如，5+6。用于正值运算符时为一元运算符，例如，+5。

```
Console.WriteLine(9+2.2);// 输出 11.2
```

在 C# 中当加号两边包含字符串的时候，会把两边的表达式连接成新的字符串。

```
Console.WriteLine(9+"2.2");// 输出 92.2
```

2）–（减号）：减法运算符或负值运算符。

当减号用在减法运算时，为二元运算符，例如，15−23，结果 −8。当它用在负值运算时为一元运算符，如之前结果 −8。

```
Console.WriteLine(15-23);// 输出 -8
```

3）*（乘号）：乘法运算符。

乘号的作用是求两个数的乘积，例如，0.8*3。

```
Console.WriteLine(0.8*3);// 输出 2.4
```

4）/（正斜线）：除法运算符。

除法运算符用于进行除法运算，求两数的商，例如，2/0.5。

```
Console.WriteLine(2/0.5);// 输出 4.0
```

除法运算需要注意的是，如果设定除数和被除数都为整数，则结果也必须为整数，把小数部分舍弃。如果希望结果为浮点型，则需要先将其中一个整数使用强制转换的方式转换为浮点型再进行运算，这样结果才会是浮点数。

5）%（百分号）：模运算符及取余数运算符。

除号的作用是求两个数相除的商，而取余运算符 % 的作用是求两个数相除的余数。例如：

```
Console.WriteLine(19/5);// 求 19 除以 5 的商，输出 3
Console.WriteLine(19%5);// 求 19 除以 5 的余数，输出 4（商 3 余 4）
```

编程中，% 常用来检查一个数是否能被另一个数整除。例如，下面的代码片段：

```
int number = 29;
Console.WriteLine(number%2);// 求 number 除以 2 的余数
```

如果输出 0 表示没有余数，即 number 能被 2 整除；如果输出 1 表示有余数是偶数，即 number 不能被 2 整除是奇数。

（2）递增、递减运算符

运算符 ++ 和 -- 分别称为递增运算符和递减运算符，对变量执行加 1 或减 1 操作，且运算结果仍赋给该变量。递增、递减运算符和负号一样都是一元运算符。

++ 和 -- 可写在变量之前，称为前置运算，例如，++a 和 --a；++ 和 -- 也可以写在变量之后，称为后置运算，例如，a++ 和 a--。

例：某人今年 18 岁，明年长了 1 岁，用代码表示为：

```
int age=18;// 今年 18 岁
age=age+1;// 明年，在今年的年龄上加 1 岁
```

或者：

```
int age=18;// 今年 18 岁
age++;// 明年，在今年的年龄上加 1 岁
```

这里 age++；与 age=age+1；作用相同，都是变量的值 +1。

例：某人今年 18 岁，去年几岁？用代码表示为：

```
int age=18;// 今年 18 岁
age--;// 等同于 age=age-1;
```

对单独一个变量实行前置运算或后置运算，其结果是相同的，都是使该变量的值增加或减少 1。然而，当它们用在表达式中，其效果就不同了。当递增或递减运算符放在其运算变量前面进行前置运算时，C# 语言在使用该变量之前进行递增或递减操作；如果运算符在运算变量的后面进行后置运算，那么，C# 语言在使用运算变量的值之后执行递增或递减运算。例如：

```
Console.WriteLine(age);// 先输出
age=age+1;// 后自加
```

与以下程序比较：

```
age=age+1;// 先自加
Console.WriteLine(age);// 后输出
```

这时发现运算顺序不一样输出的结果也不会相同。

递增和递减运算符不能用于常量表达式。无论 ++i 和 i++ 都相当于执行 i = i + 1，但执行的顺序会有所不同。

```
j = i++;    相当于执行 j = i;    等效表达式 i = i + 1;
j = ++i;    相当于执行  i = i + 1;   j = i;
```

注意：

递增和递减运算符只能用于变量，而不能用于常量或表达式，6++或(a+b)++都是不合法的。

（3）位移运算符

移位运算符在程序设计中，是位操作运算符的一种。移位运算符可以在二进制的基础上对数字进行平移。按照平移的方向和填充数字的规则分为两种，分别是：<<（左移运算符）、>>（右移运算符）。

1）<<：左移运算符。左移运算符是一个二元运算符，用于位运算，作用是将第 1 个操作数向左移动第 2 个操作数指定的位数，空出的位置补 0。这里需要注意的是，第 2 个操作数的类型必须是 int。左移相当于乘，左移一位相当于乘 2；左移两位相当于乘 4；左移三位相当于乘 8。用表达式表示为：

x<<1= x*2。

x<<2= x*4。

x<<3= x*8。

x<<4= x*16。

例如：

```
int a = 35;
int b = a << 3;
Console.WriteLine("a="+a+"b="+b);
```

执行结果为 a=35，b=280。

a 的二进制数为：0000000000100011，左移三位为：0000000100011000。

b 的结果为 280，表示为 2 进制数是：0000000100011000。

2）>>：右移运算符。右移运算是将第 1 个操作数向右移动第 2 个操作数所指定的位数，空出的位置补 0。右移相当于整除，右移一位相当于除以 2；右移两位相当于除以 4；右移三位相当于除以 8。用表达式表示为：

x>>1= x/2。

x>>2= x/4。

x>>3= x/8。

x>>4= x/16。

例如：

```
int a = 60;
int b = a>> 2;
Console.WriteLine("a="+a+"b="+b);
```

执行结果为 a=60，b=15。

a 的二进制数为：0000000000111100。

右移两位结果为：0000000000001111 即 15。

b 的二进制数为：0000000000001111。

由此可见，位移比乘除运算速度快。如果对效率要求高，而且满足 2 的幂次方的乘除运算，可以采用位移的方式进行，但此结论只适用于该数左移时被溢出舍弃的高位中不包含 1 的情况。

例如，假设以一个字节（8 位）存一个整数，若 a 为无符号整型变量，则 a=64，即二进制数 01000000 时，左移一位时溢出的是 0。而左移 2 位时，溢出的高位中包含 1，则不符合上述结论。

总结如下：

1）位移运算属于双目运算符，两个运算分量都是整型，结果也是整型。

2）“<<”左移：右边空出的位上补 0，左边的位将从字头挤掉，其值相当于乘以 2。

3）“>>”右移：右边的位被挤掉。对于左边移出的空位，如果是正数则空位补 0，若为负数，则可能补 0 或补 1，这取决于所用的计算机系统。

3.6.2 逻辑运算符

逻辑运算符用来连接多个 bool 类型表达式，实现多个条件的复合判断。C# 中的逻辑运算符包括：逻辑非（!）、逻辑与（&&）、逻辑或（||）。

1．&：逻辑与（逻辑 AND）运算符

逻辑与（逻辑 AND）运算符既可以用于布尔型数值，也可以用于整型操作数。在实际

操作过程中，对于 bool 操作数，计算操作数的逻辑“与”；对于整型操作数计算操作数的逻辑按位“与”。

1）当操作数为 bool 值时，存在以下关系：

true & true　　的结果为 true。

true & false　　的结果为 false。

false & false　　的结果为 false。

当且仅当两个操作数均为 true 时，结果才为 true，即全真则真，否则为假。

2）当操作数为整型时，则进行位运算。

例如：90&60 的结果为 24。

分析：

90 的二进制为：0000000001011010

<u>60 的二进制为：0000000000111100　　AND</u>

结果为 24：　　0000000000011000

程序：

```
1 int a=90;
2 Int b=60;
3 Console.WriteLine("a&b="+ a&b);
```

运行结果为：a&b=24。

做按位与运算，相应位为 1 时，结果相应位为 1，否则为 0。

2. |：逻辑或运算符（逻辑 OR）

逻辑或运算符和逻辑与运算符一样即可以用于整型数值也可以用于布尔型数值。对于整型操作数，逻辑或计算操作数的逻辑按位“或”；对于 bool 操作数，逻辑或计算操作数的逻辑“或”。

1）当操作数为 bool 值时，存在以下关系：

true & true　　的结果为 true。

true & false　　的结果为 true。

false & false　　的结果为 false。

从以上关系式可以看出，当且仅当两个操作数均为 false 时，结果才为 false，即有真则真，无真则假。

2）当操作数为整型时，则进行位运算。

例如：90 | 60 的结果为 126。

分析：

90 的二进制为：0000000001011010

<u>60 的二进制为：0000000000111100　　OR</u>

结果为 126：　　0000000001111110

程序：
```
int a=90;
Int b=60;
Console.WriteLine( “a| b=” + a| b);
```

运行结果为：a| b=126。

根据以上计算过程可以观察到，当两个操作数相同位有 1 时，结果相对应位为 1，只有当两个操作数相对应位都为0时，结果对应位才为0。

3．^：逻辑异或（逻辑XOR）运算符

逻辑异或运算符可用于整型和bool型数值。对于整型操作数，^将计算操作数的按位“异或”。对于bool操作数，^将计算操作数的逻辑“异或”。

1）当操作数为bool值时，存在以下关系：

true & true　　的结果为false。

true & false　　的结果为true。

false & false　　的结果为false。

即当且仅当只有一个操作数为true时，结果才为true。或者说两个操作数相同时结果为false，两个操作数不同时结果为true，即相同则假，不同则真。

2）当操作数为整型时，则进行位运算。

例如：90 ^60的结果为102。

分析：

90的二进制为：0000000001011010

60的二进制为：0000000000111100　　XOR

结果为126：　　0000000001100110

```
程序：int a=90;
  Int b=60;
  Console.WriteLine( “a^ b=” + a^ b);
```

运行结果为：a| b=102。

根据以上计算可以观察到，只有当两个操作数相对应的位不同时，计算结果中相对应的位为1，当两个位相同时，结果才为0。

4．！：逻辑非（逻辑NOT）运算符和～：求补运算符

逻辑非运算符只能用于bool型数值，这不同于上面三个运算符。作用是对操作数进行求反运算。当操作数为false时返回true；当操作数为true时，返回false。

可以表示为：

！ false的结果为true。

！ true的结果为false。

例如：

```
bool a=true ;
Console.WriteLine(!a);
```

输出结果为：False。

与逻辑非不同的是，～求补运算符只能用于整型数值，它对操作数执行按位取反运算，其效果相当于反转每一位。

5．&&：条件与（条件AND）运算符

&&条件与运算符和&运算符的功能相似，但只能用于bool型数值，执行其bool操作数的逻辑“与”运算。

存在以下关系：

true && true　　的结果为true。

true && false　的结果为 false。

false && false　的结果为 false。

例如：

```
int x = 5, y = 2;// 同时声明两个 int 型变量并赋值
Console.WriteLine(x > 3 && y > 3);
```

输出结果为：false

分析：判断 x>3 和 y>3 是否同时为 true，由于 y>3 为 false，所以整个表达式为 false。

6．||：条件或（条件 OR）运算符

条件或运算符和条件与运算符 && 一样，只能用于 bool 型数值，具备 | 运算符的部分功能，只执行其 bool 操作数的逻辑“或”运算。

存在以下关系：

true || true 的结果为 true。

true || false 的结果为 true。

false || false 的结果为 false。

例如：

```
int x = 5, y = 2;// 同时声明两个 int 型变量并赋值
Console.WriteLine(x>3 || y>3);
```

输出结果为：true

分析：判断 x>3 和 y>3 是否有一个为 true，由于 x>3 为 true，所以整个表达式为 true。在实际操作中 && 和 || 操作符大量运用于条件判断语句。&& 运算符相当于汉语的“并且”。例如，说“如果你有房，并且有车，我就去桂林旅游”，这句话表明，只有同时满足了有房和有车这两个条件，结果（去旅游）才能成立，两个条件缺一不可。|| 运算符相当于汉语的“或者”。例如，去书屋借书，老板说“如果你抵押身份证或学生证，就可以借书”，这句话表明，满足有身份证和有学生证之中的任何一个条件，结果（借书）就能成立。

3.6.3　赋值运算符和表达式

在 C# 中赋值符号“=”就是赋值运算符，作用是将一个数据赋给一个变量。例如，有一个操作数 10，要赋给变量 x，这时可以使用 x=10，执行一次赋值操作。C# 支持的赋值运算符见表 3-11。

表 3-11　C# 支持的赋值运算符

运算符	名　称	描述描述	实例实例
=	赋值符	简单的赋值运算符，把右边操作数的值赋给左边操作数	C=A+B 将把 A+B 的值赋给 C
+=	加法赋值运算符	加且赋值运算符，把右边操作数加上左边操作数的结果赋值给左边操作数	C+=A 相当于 C=C+A
-=	减法赋值运算符	减且赋值运算符，把左边操作数减去右边操作数的结果赋值给左边操作数	C-=A 相当于 C=C-A
*=	乘法赋值运算符	乘且赋值运算符，把右边操作数乘以左边操作数的结果赋值给左边操作数	C*=A 相当于 C=C*A

（续）

运算符	名　称	描述描述	实例实例
/=	除法赋值运算符	除且赋值运算符，把左边操作数除以右边操作数的结果赋值给左边操作数	C /= A 相当于 C = C / A
%=	取模赋值运算符	求模且赋值运算符，求两个操作数的模赋值给左边操作数	C %= A 相当于 C = C % A
<<=	左移赋值运算符	左移且赋值运算符	C <<= 2 等同于 C = C << 2
>>=	右移赋值运算符	右移且赋值运算符	C >>= 2 等同于 C = C >> 2
&=	与赋值运算符	按位与且赋值运算符	C &= 2 等同于 C = C & 2
^=	或赋值运算符	按位异或且赋值运算符	C ^= 2 等同于 C = C ^ 2
|=	异或赋值运算符	按位或且赋值运算符	C |= 2 等同于 C = C | 2

赋值表达式是通过赋值运算符将一个变量和一个表达式连接起来成为一个式子。赋值表达一般形式如下：

< 变量 >< 赋值运算符 >< 表达式 >

例如，简单的赋值运算 a=6，就是一个赋值表达式。下面通过实际操作来进一步了解赋值运算。

【任务 3-1】运算符的使用。

创建控制台应用程序 AssignmentDemo，并保存到相应文件夹中。程序语句如下：

```
1    int a = 21;
2    int c;
3    c = a;
4    Console.WriteLine("Line 1 - =  c 的值 = {0}", c);
5    c += a;
6    Console.WriteLine("Line 2 - += c 的值 = {0}", c);
7    c -= a;
8    Console.WriteLine("Line 3 - -=  c 的值 = {0}", c);
9    c *= a;
10   Console.WriteLine("Line 4 - *=  c 的值 = {0}", c);
11   c /= a;
12   Console.WriteLine("Line 5 - /=  c 的值 = {0}", c);
13   c = 200;
14   c %= a;
15   Console.WriteLine("Line 6 - %=  c 的值 = {0}", c);
16   c <<= 2;
17   Console.WriteLine("Line 7 - <<=  c 的值 = {0}", c);
18   c >>= 2;
19   Console.WriteLine("Line 8 - >>=  c 的值 = {0}", c);
20   c &= 2;
21   Console.WriteLine("Line 9 - &=  c 的值 = {0}", c);
22   c ^= 2;
23   Console.WriteLine("Line 10 - ^=  c 的值 = {0}", c);
```

```
24    c |= 2;
25    Console.WriteLine("Line 11 - |= c 的值 = {0}", c);
26    Console.ReadLine();
```

输出结果，如图 3-6 所示。

图 3-6　赋值运算结果

程序分析：该程序第 1 行定义了变量 a，并将 21 赋值给变量 a，接下来进行了表 3-3 中相应的赋值运算。

3.6.4　关系运算符和关系表达式

关系表达式用来进行数值或字符之间的比较运算，由相关数据和关系运算符组成，运算的结果为逻辑真值（true）或逻辑假值（false）。

（1）关系运算符

C# 语言规定可以使用以下 6 种关系运算符，见表 3-12。

表 3-12　C# 中的关系运算符

关系运算符	名　称
==	等于
!=	不等于
<	小于
>	大于
<=	小于或等于
>=	大于或等于

这里需要注意的是，初学者很容易把“=”和“==”混淆。一定要记住，“=”是赋值运算符，而“==”是关系运算符。

例如：

```
a = 5;// 表示把整数 5 赋给变量 a
a ==5;// 表示把 a 的值与 5 进行比较，并返回 true 或 false, 如果 a 的值为 5 则返回 true，否则返回 false。
```

使用控制台应用程序执行的代码如下：

```
1    int a;
2    Console.WriteLine(a=5);
3    Console.WriteLine(a==5);
```

运行结果，如图 3-7 所示。

```
5
True
```

图 3-7 运行结果

程序解析：上述代码第 1 行声明一个变量 a，第 2 行代码将 5 赋给变量 a 并输出结果，显示“5”。第 3 行代码输出表达式 a==5 的值，由于第 2 行代码使 a 的值变为 5，所以这里表达式 a==5 的返回值为“真”，输出 true。

（2）关系表达式

关系表达式是指使用关系运算符将两个表达式连接起来成为的式子。

例如：

```
i > 5
i==5
x*y<i+j
```

从上面的例子可以看出，关系表达式返回的值是一个 bool 值，即是 true 或 false。所以也可以说，关系表达式的值是一个 bool 值。

【任务 3-2】实现如图 3-8 所示的界面，将其以文件名 counter 作为项目名称，保存于以学号姓名命名的文件夹下，实现当输入本金、存期和年利率后，在存款计算器右侧的列表框中会得出利息和存款后的总金额的功能（利息与本金之和）。存款计算器窗体界面，如图 3-8 所示。

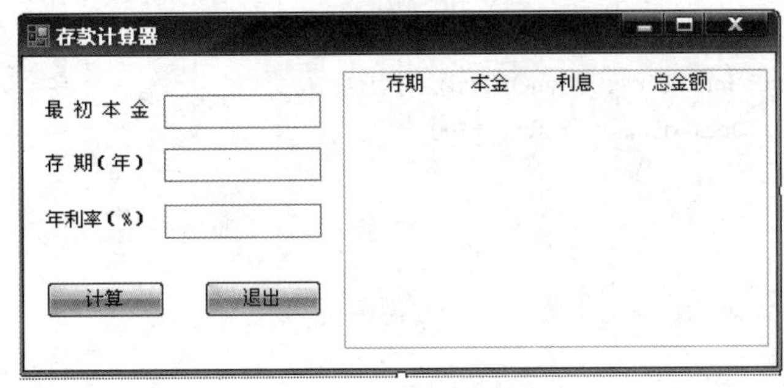

图 3-8 存款计算器窗体界面图

任务分析：根据本金、存期（年）和年利率得出利息和最后的存款总金额（本金与利息之和）。存贷款的利息计算有两种方式：单利和复利。

单利：指每次获利不滚入本金，计息时仅以原有的本金为基础。

复利：指将获利直接追加到本金，作为下次计息时新的本金。

这里采用复利的计算法，首先假定存款本金为 p，年利率为 i，则第一年后获利为：$p \times i$。

在不考虑交税的情况下，账户资金应该为：$p+p \times i=p \times (1+i)$。

同样，第二年后为 $p \times (1+i)^2$，以此类推，可得 n 年后的账户资金应为：

$$p \times (1+i)^n \text{（本金与利息之和）}$$

故：

$$\text{利息} = p \times (1+i)^n - p$$

实施步骤：

1）新建一个 Windows 应用程序，并把项目命名为“DepositCalculator”。

2）把窗体命名为“MainForm”，Text 属性设置为“存款计算器”。

3）添加三个 Label 控件，Text 属性分别改为“最初本金”“存期（年）”和“年利率（%）”。

4）在 Label 控件后添加三个 TextBox 控件，修改 Name 属性分别为“txtBenJin”“txtCunQi”“txtNianLiLv”。

5）在窗体上放置两个 Button 控件并命名为“cmdCount”，Text 属性设置为“计算”，另一个设置为“退出”按钮。

6）添加 ListBox 控件，Name 属性修改为 lstResult，单击控件右上角小三角图标或者属性里的 Items 属性后面的选择菜单打开“字符串集合编辑器”，在第一行依次输入“存期”“本金”“利息”“总金额”，之间插入两个制表符的距离。

7）双击“计算”按钮，生成一个 Click 事件，添加以下程序代码。

程序清单：

```
1    private void cmdCount_Click(object sender, EventArgs e)
2    {
       // 变量声明
3      double benjin_amount, nianlilv, lixi, zhanghuzonger;
4      int cunkuannianxian;
5      string str;
       // 提取输入界面中的本金与存款期限
6      try
7        {
8          benjin_amount = double.Parse(txtBenJin.Text);
9          cunkuannianxian = Int32.Parse(txtCunQi.Text);
10         nianlilv = double.Parse(txtNianLiLv.Text) / 100;
11       }
12       catch
13       {
14         MessageBox.Show(" 输入内容非数字 ", " 错误提示 ");
15         return;
16       }
       // 计算本金与利息和
17         zhanghuzonger=benjin_amount* Math.Pow((1 + nianlilv), cunkuannianxian);
       // 计算获取的利息
18         lixi = zhanghuzonger - benjin_amount;
       // 格式化准备输出信息
19         str= string.Format("{0,-3:d}\t\t{1,-10:c}\t\t{2,-8:c}\t\t{3,-15:c}\t\t", cunkuannianxian, benjin_amount, lixi, zhanghuzonger);
       // 输出所需信息
20         lstResult.Items.Add(str);
21       }
```

程序解析：程序第 3 行～第 5 行代码声明了相应的变量，规定为双精度浮点型。第 6 行～第 16 行代码使用了 try 和 catch 语句防止非法输入时程序出错。第 19 行代码使用了字符串格式化输出的方法。

本章小结

本章介绍了 C# 中的关键字，标识符的定义，各种运算符和表达式的使用方法，以及数组的概念。掌握并灵活运用本章的内容，能为后续编程打下良好的基础。

第4章 CHAPTER 4 条件判断与循环控制语句

条件判断语句与循环控制语句是所有程序设计语句的基础内容，灵活运用这两种语句，可以实现许多复杂的逻辑运算。在实际问题中有许多具有规律性的重复操作，因此在程序中就需要重复执行某些语句。一组被重复执行的语句称之为循环体，能否继续重复，决定循环的终止条件。循环结构是在一定条件下反复执行某段程序的流程结构，被反复执行的程序称为循环体。循环语句是由循环体及循环的终止条件两部分组成的。

C# 语言中条件判断语句有以下两种：

1）if 语句；

2）switch 语句，又称为开关语句。

C# 语言中可以用以下语句来实现循环：

1）while 语句；

2）do…while 语句；

3）for 语句；

4）foreach 语句；

5）goto 语句。

4.1 条件判断语句

4.1.1 简单 if 语句

C# 语言中 if 语句是指编程语言中用来判定所给定的条件是否满足，根据判定的结果（真或假）决定执行给出的两种操作之一。其一般形式为：

```
if( 表达式 )
{
    语句块
}
```

语句块关键字是 if，后面圆括弧里面可以是一个表达式或者一个布尔变量，也可以是一个布尔常量。表达式可以是逻辑表达式，也可以是关系表达式，但其运算结果必须为布尔值

true 或 false。

if 单分支语句流程图，如图 4-1 所示。

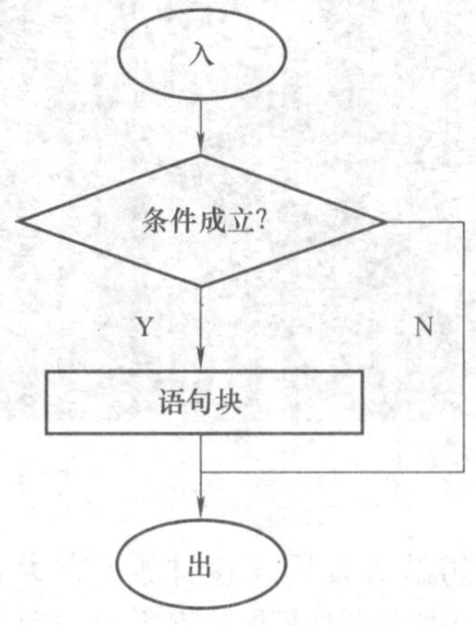

图 4-1　if 单分支语句流程图

例如：

```
if(i==2)
if(i>1&&i<100)
if(i)
if(true)
```

程序语句块包含在 if 表达式后面的大括号中，表示其受上面的 if 语句控制，可以是包含多条独立语句的语句组，语句必须以分号结束。若只有一条语句，则大括号可以省略，建议不要省略。

例如：

```
if(i>100)
{
    Console.WriteLine();
 }
```

程序解析：如果 i 取值大于 100 则运行语句 Console.WriteLine();，否则跳过语句块。

4.1.2　if…else 语句

当判断语句只存在两种结果时，可以使用 if…else 语句来实现。其一般形式为：

```
if( 条件 )
 {
  语句块 1;
 }
else
 {
  语句块 2;
 }
```

这种格式中，程序会判断条件是否成立并根据结果决定是否执行语句块 1 和语句块 2，也就是说，语句块 1 和语句块 2 没有影响（除非在执行语句块 1 的时候就 return 了）。if…else 语句流程图，如图 4-2 所示。

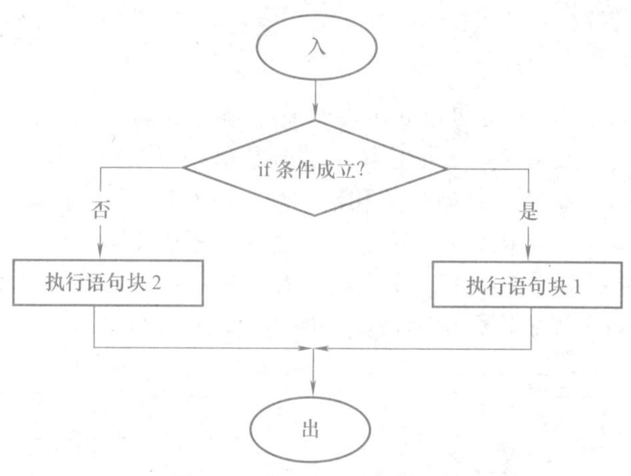

图 4-2 if…else 语句流程图

例如：输入年龄，大于等于 18 显示成年，否则显示未成年。

```
1        Console.Write(" 请输入您的年龄：");
2        int age = int.Parse(Console.ReadLine());
3        if (age >= 18)
4        {
5          Console.WriteLine(" 成年 ");
6        }
7        else// 另外的其他的所有条件  age<18
8        {
9          Console.WriteLine(" 未成年 ");
10        }
11        Console.ReadLine();
```

程序解析：这是控制台语句程序，第 1 行输出提示符“请输入您的年龄：”，不换行，第 2 行语句读取键盘输入的数值，并显式转赋值给声明的整型变量 age，第 3 行～第 10 行语句判断输入的年龄是否大于或等于 18，是则输出“成年”，不是则输出“未成年”。

4.1.3 if…else if…

当判断存在多种可能结果时，可以使用 if…else if…语句来实现，其一般形式为：

```
if ( 条件 1)
{
  // 语句块 1
}
else if ( 条件 2)
{
  // 语句块 2
}
```

```
...
else if ( 条件 n)
{
  // 语句块 n
}
```

在 if…else if…语句中，if 块和 else if 块本质上是互斥的，也就是说，一旦语句块 1 得到了执行，程序会跳过 else if 块，else if 块中的判断语句以及语句块 2 一定会被跳过；同时语句块 2 的执行也暗含了条件 1 判断失败和语句块 1 没有执行；当然还有第 3 个情况，就是条件 1 和条件 2 都判断失败，语句块 1 和语句块 2 都没有得到执行，以此类推。

【任务 4-1】成绩等级判断：输入学生姓名和学生成绩后，单击“判断成绩等级”按钮时弹出“成绩判断”消息提示框，给出成绩判断结果，如图 4-3 所示。

图 4-3　成绩等级判断结果

实施步骤：

1）新建一个 Windows 应用程序，并把项目命名为 ScoreDemo。

2）把窗体命名为 MainForm，Text 属性设置为“成绩判断”。

3）添加两个 Label 控件，Text 属性分别改为“请输入学生姓名：”“请输入学生成绩：”。

4）在 Label 控件后添加两个 TextBox 控件，对应修改 Name 属性为：txtName、txtScore。

5）在窗体上放置 1 个 Button 控件命名为 btnGrade，Text 属性设置为“判断成绩等级”。

6）双击“判断成绩等级”按钮，生成一个 Click 事件，添加以下程序代码：

程序代码：

```
1    string name;
2    int score;
3    name = txtName.Text;
4    score = Int32.Parse(txtScore.Text);
5    if (score < 0 || score > 100)
6    {
7      MessageBox.Show(" 错误输入！ ", " 成绩判断 ");
8    }
9    else if (score >= 90)
10   {
11   MessageBox.Show(name + "：优秀！ ", " 成绩判断 ");
12   }
13   else if (score >= 80)
```

```
14        {
15            MessageBox.Show(name + "：良好！ ", " 成绩判断 ");
16        }
17      else if (score >= 70)
18        {
19            MessageBox.Show(name + "：中等！ ", " 成绩判断 ");
20        }
21        else if (score >= 60)
22        {
23            MessageBox.Show(name + "：及格！ ", " 成绩判断 ");
24        }
25        else
26        {
27             MessageBox.Show(name + "：不及格！ ", " 成绩判断 ");
28         }
```

运行程序结果，在 txtName 文本框中输入“张三”，在 txtScore 文本框中输入成绩 91，然后单击“判断成绩等级”按钮，会弹出消息提示框“成绩判断”，显示内容“张三：优秀！”。

程序解析：

第 1 行代码声明了一个字符串变量 name，作为储存人名的临时变量。

第 3 行代码将文本框 txtName 的 Text 属性（也就是输入的人名）赋给第 1 行代码定义的字符串变量 name。

第 5 行～第 28 行代码使用 if…else if…语句，判断输入的成绩所在的范围，然后使用消息框 MessageBox Show 的方法输出。

4.1.4 switch 语句

switch 语句又称为“开关语句”，作用是实现多分支的开关语句，和 if 语句相比具有直观简洁的特点。当条件相当多时，如果用 if…else 及其嵌套语句，会使得程序的可读性变差，可以用 switch 语句来处理复杂的条件判断。

其一般语法格式如下：

```
switch( 表达式 )
{
  case 表达式的值 1：
      待执行的一系列语句；
      break;
  ……
  case 表达式的值 n：
      待执行的一系列语句；
      break;
  default:
      待执行的一系列语句；
      break;
}
```

格式中表达式应为整型、字符型、字符串型或枚举类型，各个表达式的值应为常数，而不能为变量或表达式。switch 语句程序流程图，如图 4-4 所示。

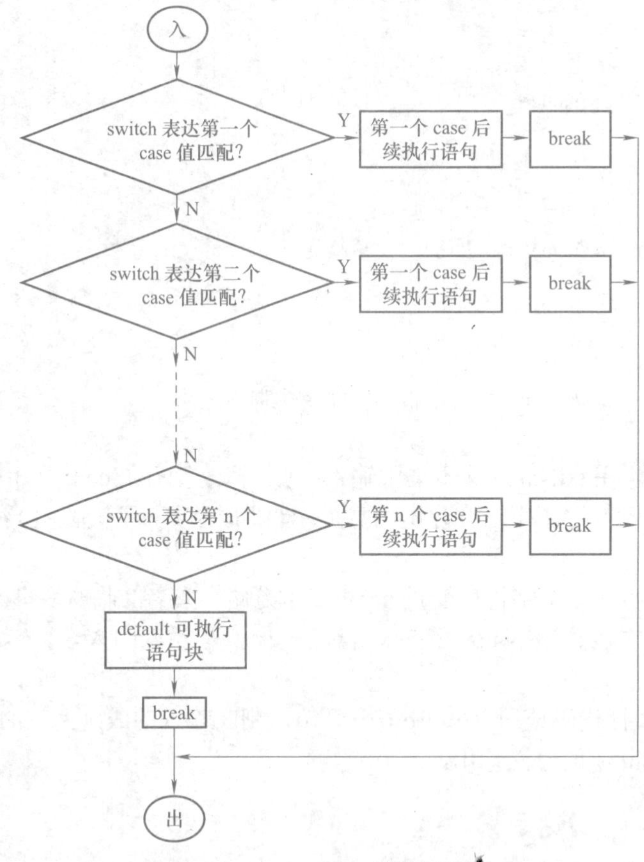

图 4-4 switch 语句的执行流程

switch 语句的执行流程是：先执行 switch 后面表达式的值，然后将这个值与第一个 case 分支的判断值进行比较，如果相等，则程序的流程转入第一个 case 分支的语句块，然后结束 switch 语句。否则，将表达式的值与第二个 case 分支相比较，以此类推。表达式的值与任何一个 case 分支都不匹配，则转而执行最后的 default 分支，若没有 default 分支，则跳过整个 switch 语句执行后面其他的语句段。

需要注意的是：

1）每一个 case 分支后如有语句段则必须以 break 结束。

2）switch 后面的表达式的值的类型必须是：byte、char、short、int、long、string、sbyte、ushort、unit、ulong。

3）多个 case 可以共享一个分支。

【任务 4-2】实现门票销售系统。

目前门票购票类型大体分为三大类：成人票、儿童票和打折票，假设各类票价执行情况如下：

1）成人票执行正常票价，本任务假定票价为 45.00 元。

2）儿童票执行成人票的半价，即 22.50 元。

3）打折票执行三种成人票的折扣标准：九折、八折和六五折；将所有原因的打折票均做“折扣票”处理。

任务要求具备的基本功能：

1）门票类型选择。

2）当门票类型为打折票时，给出折扣选择，否则，折扣类型的门票选择不可用。

3）当选择某类型的门票时，自动给出相应的票价显示。

4）依据不同门票类型的折扣情况，自动计算单张票的票价并显示。

5）允许输入当前预购买的票的数量和实付款。

6）依据票的数量和实付款，自动计算应收款并显示。

7）自动计算应该找给客户的零钱（单击“购买”按钮时计算，当实际付款小于应付款时，以负数显示）。

8）项目有预判断错误输入的能力，有异常处理功能。

9）为避免连续销售不同类型的门票时，工作界面上遗留的前次售票数据对本次售票的影响，要求切换售票类型时能同时预置合理的票价信息，并清除找零框中和应收款框中信息（即设置这两个文本框的 Text 属性值为空）。

根据以上功能选，分析得出程序流程，如图 4-5 所示。

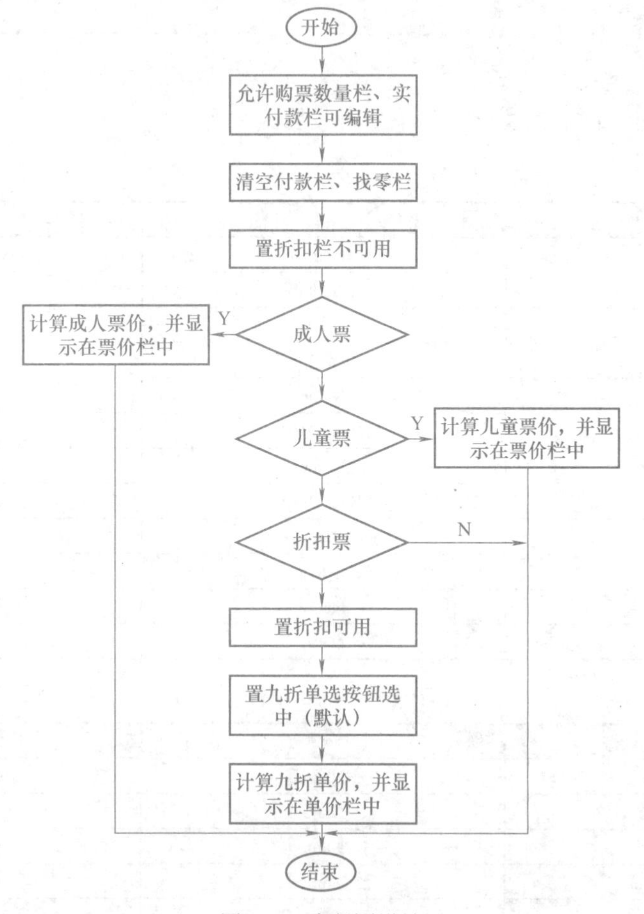

图 4-5　流程图设计

实施步骤：

1）新建一个 Windows 应用程序，并把项目命名为 TicketSellDemo。

2）把窗体命名为 MainForm，Text 属性设置为“门票销售”。

3）添加六个 Label 控件，一个 ComboBox 控件，一个容器控件 GroupBox 控件，三个公共控件中的 RadioButton 控件，两个 Buton 控件，摆放位置，如图 4-6 所示。

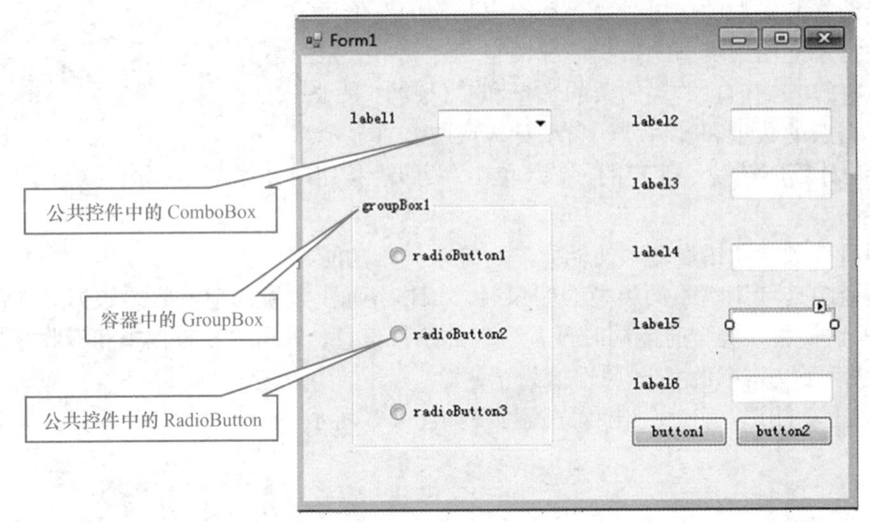

图 4-6　控件摆放位置图

4）根据表 4-1 和表 4-2 以及如图 4-7 所示修改相应属性。

表 4-1　TextBox 控件及 Button 控件属性

控　　件	属　　性	属 性 值
textBox1	Name	txtTotalTicket
	ReadOnly	True
textBox2	Name	txtPayment
	ReadOnly	True
textBox3	Name	txtReceive
	ReadOnly	True
textBox4	Name	txtChange
	ReadOnly	True
textBox5	Name	txtPrice
	ReadOnly	True
Button1	Name	cmdBuy
Button2	Name	cmdExit

表 4-2　其他控件属性

控　　件	属　　性	属 性 值
GroupBox	Name	gbxDiscount
RadioButton1	Name	rdtnNine
RadioButton2	Name	rdtnEight
RadioButton3	Name	rdtnSixFive
Form1	Text	门票销售

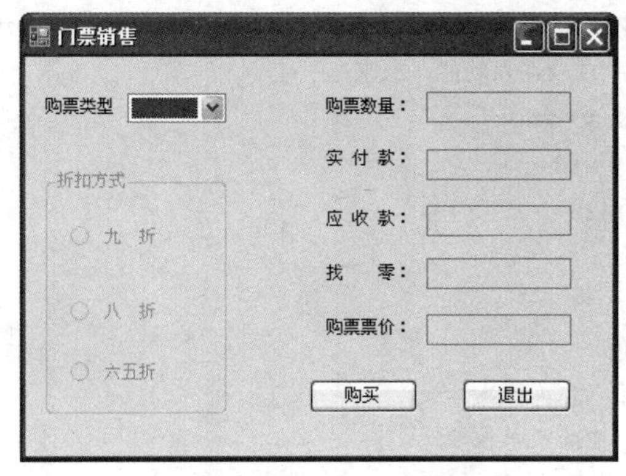

图 4-7 UI 界面设计

5）“退出”按钮功能：当单击“退出”按钮时，退出程序。

实现：选中“退出”按钮，在“属性”窗口中单击“事件”按钮，在“操作”项中选Click 事件，双击进入代码编写界面，如图 4-8a、b 所示。

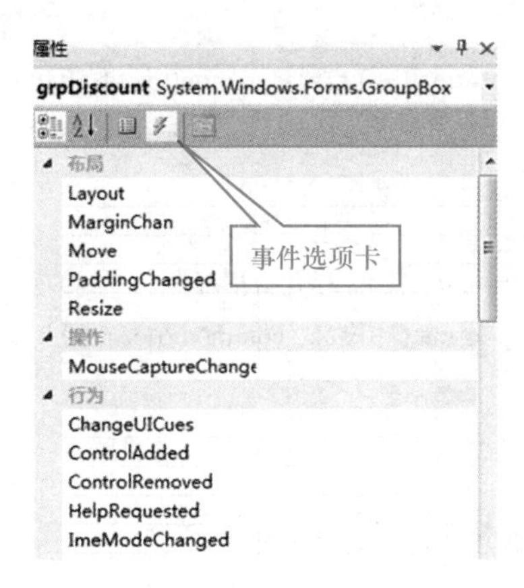

图 4-8 Button 控件事件添加

6）双击相应的控件添加程序代码如下。

程序清单：

```
1   const int commonPrice = 45;
2   private void rdbNine_CheckedChanged(object sender, EventArgs e)
3   {
4   txtPrice.Text = string.Format("{0:f2}", commonPrice * 90.0 / 100.0);
5   }
6   private void rdbEight_CheckedChanged(object sender, EventArgs e)
7   {
8     txtPrice.Text = string.Format("{0:f2}", commonPrice * 80.0 / 100.0);
9   }
10  private void rdbSixFive_CheckedChanged(object sender, EventArgs e)
11  {
12  txtPrice.Text = string.Format("{0:f2}", commonPrice * 65.0 / 100.0);
13   }
```

```
14      private void cboTicketType_SelectedIndexChanged(object sender, EventArgs e)
15      {// 开启购票数量与实付款两项输入功能，原来是不能输入的
16          txtTotalTicket.ReadOnly = false;
17          txtPayment.ReadOnly = false;
            //清空“应收款”“找零”显示内容
18          txtReceive.Text = " ";
19          txtChange.Text = " ";
            // 置折扣设置不可用
20          grpDiscount.Enabled = false;
            // 判断当前选择的是那种类型的票
21          switch (cboTicketType.SelectedIndex)
22          {
23            case 0:// 成人票
24                txtPrice.Text = string.Format("{0:f2}", commonPrice);
25              break;
26            case 1:// 儿童票
27                txtPrice.Text = string.Format("{0:f2}", commonPrice * 50.0 / 100.0);
28                break;
29            case 2:// 折扣票
30                grpDiscount.Enabled = true;// 置折扣设置可用
31                rdbNine.Checked = true; // 默认选择九折情况
32                txtPrice.Text = string.Format("{0:f2}", commonPrice * 90.0 / 100.0);
33                break;
34          }
35      }
36      private void cmdExit_Click(object sender, EventArgs e)
37      {
38          Application.Exit();
39      }
40      private void cmdBuy_Click(object sender, EventArgs e)
41      {
42          double payments, receives, balance, price;// 定义实付款、应收款、找零、购票票价变量用来获取这些对
            应框中的信息
43          int tickets;// 定义购票数量变量，用来从购票数量框中获取票的数量
44          try
45          {
46            tickets = Int32.Parse(txtTotalTicket.Text);// 票的数量
47            payments = double.Parse(txtPayment.Text);// 实付款
48            price = double.Parse(txtPrice.Text);// 票价
49            receives = tickets * price;// 应收款
50            balance = payments - receives;// 找零为实付款与应收款的差
51              txtChange.Text = string.Format("{0:f2}", balance);// 将找零格式化输出，保留小数点后两位，并将其
              赋值于找零框中
```

```
52                txtReceive.Text = string.Format("{0:f2}", receives);
53            }
54          catch
55            {
56                MessageBox.Show(" 输入有错！请检查购票类型、折扣、数量与应付款 ");
57                return;
58            }
59        }
```

运行结果：

运行程序后，首先选择购票类型，例如，选择“成人票”，购票票价会显示为 45 元，接着输入购票数量，假设买 10 张，实际付款 500 元，单击“购买”按钮应收款显示为 450.00，找零显示为 50.00，如图 4-9 所示。如果购买折扣票，购票类型选择“折扣票”，这时“折扣方式”选项菜单功能开启，可以选择相应的折扣，选择“八折”选项，这时票价显示为 36.00 元，输入购票数量还是 10 张，实付款为 400 元，单击“购买”按钮后显示应收款 360.00，找零 40.00，如图 4-10 所示。儿童票的购买和成人票相似，只是票价不同，这里不再演示。

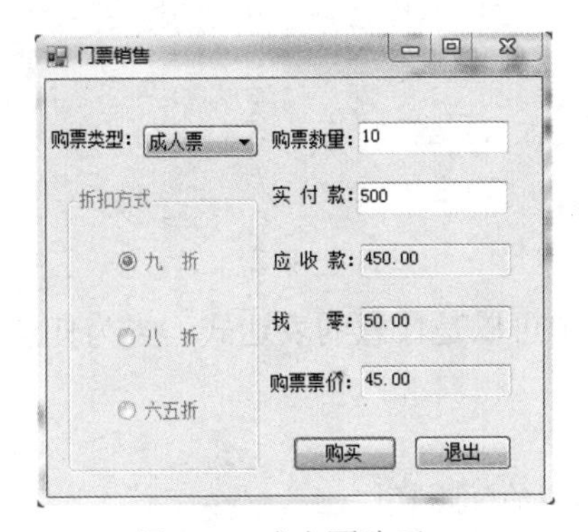

图 4-9 成人票购买

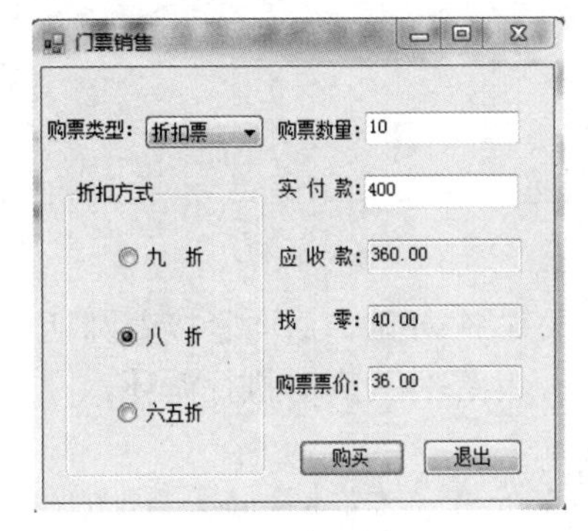

图 4-10 折扣票购买

程序解析：

第 1 行代码，定义了一个常量 commonPrice，使用的是 const，定义为整型，用于存放票价。

第 2 行～第 13 行代码，设定了程序运行时选择相应 RadioButton 控件设置相应的票价，并显示到 TextBox 控件中。

第 14 行～第 35 行代码，设定了 ComboBox 控件的使用方法，其中第 15 行～第 20 行代码为初始化设置。第 15 行和第 16 行代码开启购票数量与实付款两项输入功能，原来是不能输入的。第 18 行和第 19 行代码清空“应收款”“找零”显示内容，第 20 行代码置折扣设置不可用。第 21 行～第 34 行代码使用 switch 语句，选择相应的计价形式，使用 ComboBox 的 SelectedIndex 属性作为 case 标签的字符串常量，运行时将执行 case 标签所属后面相应的语句块，当执行到 break 语句时，跳出整个 switch 语句。

第 36 行～第 39 行代码，使用 Button 控件的 Click 事件调用 Exit 方法，结束程序执行。

第 40 行～第 59 行代码，同样使用 Button 控件的 Click 事件，计算相应的数据并输出。使用 try…catch 语句排除输入错误。

4.2 循环控制语句

4.2.1 while 语句

while 语句是计算机的一种基本循环模式，判断一个条件表达式，以便决定是否进入和执行循环体，当满足该条件时进行循环，不满足该条件则跳出循环程序。while 语句流程图，如图 4-11 所示。

while 语句的一般表达式为：

```
while ( 表达式 )
{
  语句块 ( 又称循环体 )
}
```

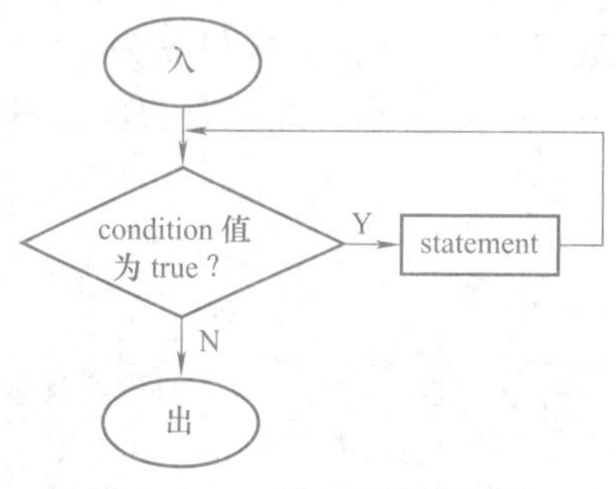

图 4-11 While 语句流程图

1）关键字 while，后面紧接着圆括号，圆括号中可以是任意的表达式，当为任意非零值时都为真。当条件为真时执行循环。

例：

```
while (true)   // 布尔常量 true，需要在循环体中有跳出循环的控制语句
while (i)                          // 变量 i 只能是一个布尔型变量
while (i >=1)
while (i > 10&& i < 15)
```

2）受 while 控制的语句块又称为循环体，包含在表达式后的大括号中，可以是一个单独的语句，也可以是几个语句组成的代码块。如果只有一条语句，则大括号可以省略。

3）当圆括号中的表达式返回值为 true 时，执行大括号中的语句块，每执行一次判断都将对条件表达式进行判断，直到表达式返回值为 false 时跳出。

【任务 4-3】使用 while 循环求 1+2+3+…+99+100 的值。

实施步骤：

1）创建名称为 AdditionDemo 的控制台应用程序。

2）输出如下程序。

```
1    int sum = 0;
2    int i = 1;  // 变量初始化定义，
3    while (i<=100) // 循环语句
4    {
5        sum += i; // 把 i 的值累加到变量 sum 内，表达式等同于 sum=sum+i;
```

```
6        i++;
7    }
8    Console.WriteLine(sum); // 输出结果
```

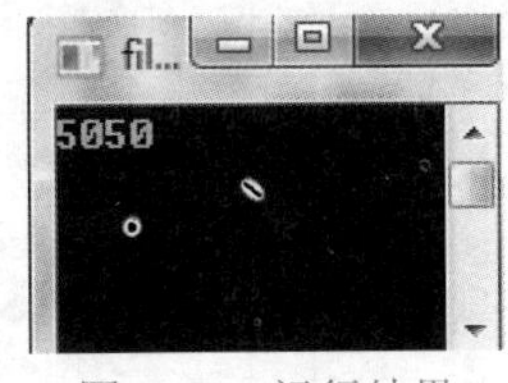

图 4-12 运行结果

运行结果，如图 4-12 所示。

程序解析：

第 1 行代码定义中间变量 sum，用来存放计算结果，并赋初值为 0。

第 2 行代码定义整型变量 i，并赋初值为 1。

第 3 行～第 7 行代码使用 while 循环语句，实现了 1 到 100 的相加计算。其中第 3 行代码中判断条件使用 i<=100，遵循在循环体内需要使用使循环趋向结束的语句，在第 6 行代码中 i 的取值不断增加，越来越接近 100，当 i>100 时，循环完成，退出循环。如果没有 i++，那么 i 取值永远不能超过 100，那么就会成为死循环。

4.2.2 do…while 语句

do…while 语句与 while 语句比较类似。其不同点是 while 语句先判断条件是否为真，然后再决定是否进行循环体，而 do…while 语句则是先执行循环体，再判断条件是否为真。因为条件测试在循环的结尾，所以循环体至少要执行一遍。其流程图，如图 4-13 所示。

do…while 语句的表现形式为：

```
do
{
  语句块
}
while ( 表达式 );
```

当流程到达 do 后，立即执行语句块，然后再对表达式进行测试。若表达式的值为真，则返回 do 重复循环，否则退出循环执行后面的语句。在编程过程中需要注意的是 do…while 语句与 while 语句表达式后要加上分号。

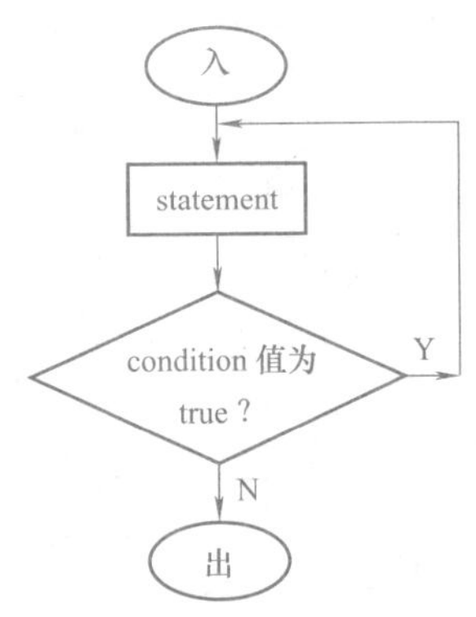

图 4-13 do…while 语句执行流程

【任务 4-4】计算所输入数值的阶乘，若输入的数小于 0 或大于 20，则给出提示：你输入的数值有误！。阶乘界面设计图，如图 4-14 所示。

实施步骤：

1）创建名称为 FactorialDemo 的窗体应用程序。

2）如图 4-13 所示设计窗体控件，修改窗体 text 属性为“求阶乘”。

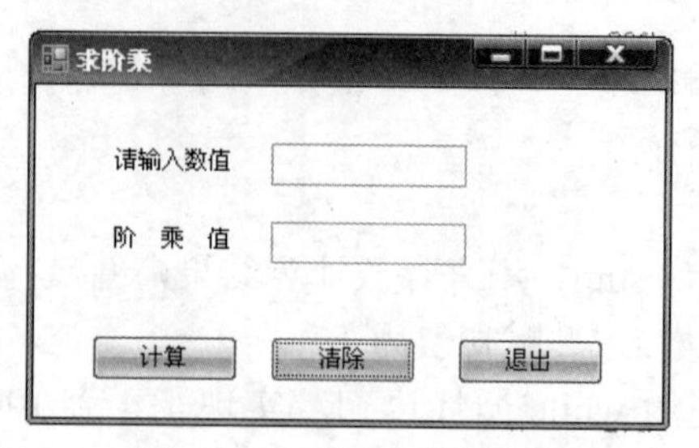

图 4-14 阶乘界面设计图

3）修改控件 name 属性。“计算”Button 控件的 Name 属性为 btnCalculate，“清除”Button 控件的 Name 属性为 btnClear，“退出”Button 控件的 Name 属性为 btnExit。“请输入数值”TextBox 控件的 Name 属性为 txtNumber，“阶乘值”TextBox 控件的 Name 属性为 txtValue。

4）双击相应的 Button 控件，分别输入程序语句。

程序清单：

```
1   private void btnCalculate_Click(object sender, EventArgs e)
2   {
3       int n;      // 数字值
4       long value;     // 阶乘
5       n = int.Parse(txtNumber.Text);
6       if ((n < 0) || (n > 20))
7        {
8           MessageBox.Show(" 你输入的数值有误 ", " 错误提示 ");
9        }
10       else if (n == 0)
11        {
12          value = 1;
13          txtValue.Text = n + "!=" + value;
14        }
15       else
16        {
17           int i=1;
18           value =1;
        //do……while 语句完成
19          do
20          {
21               value=value *i;
22               i++;
23           }
24           while(i<=n);
25           txtValue.Text = n + "!=" + value;
26          }
27  }
```

```
28  private void btnClear_Click(object sender, EventArgs e)
29  {
30      txtValue.Text = string.Empty;
31      txtNumber.Text = " ";
32  }
33  private void btnExit_Click(object sender, EventArgs e)
34  {
35      Application.Exit();
36  }
```

运行结果，如图 4-15 所示。

a）　　b）　　c）

图 4-15　阶乘计算运行结果图

a）超出计算范围　b）0 的阶乘　c）20 的阶乘

程序解析：

第 1 行～第 27 行代码为“计算”Button 控件的程序，实现了阶乘计算。第 3 行代码定义了要计算阶乘的数值，第 4 行代码定义了一个 long 型的中间变量用于保存阶乘计算结果。第 6 行～第 9 行代码排除了 n 小于 0 以及 n 大于 20 的情况。小于 0 无意义，n 值过大结果将很大可能无法显示，所以排除。第 11 行～第 14 行代码判断了 n 为 0 时的阶乘值，第 15 行～第 26 行代码判断了在 n 取值范围为 0 到 20 时，使用 do…while 循环计算阶乘结果，并输出到 textBox 控件中。

第 28 行～第 32 行代码为“清除”Button 控件的程序，清除 textBox 控件中的内容。

第 33 行～第 36 行代码为“退出”Button 控件的程序，实现了退出程序运行功能。

4.2.3　for 语句

for 循环是编程语言中一种开界的循环语句，由循环体及循环的终止条件两部分组成，使用非常灵活，甚至可以替代 while 语句。for 语句流程图，如图 4-16 所示。for 语句的一般形式为：

```
for ( 表达式 1; 表达式 2; 表达式 3)
        {
         语句块（循环体）
        }
```

其中，如果表达式 2 的值为假时，则直接跳出循环。这一点可以参考图 4-16 中的 for 语句流程。

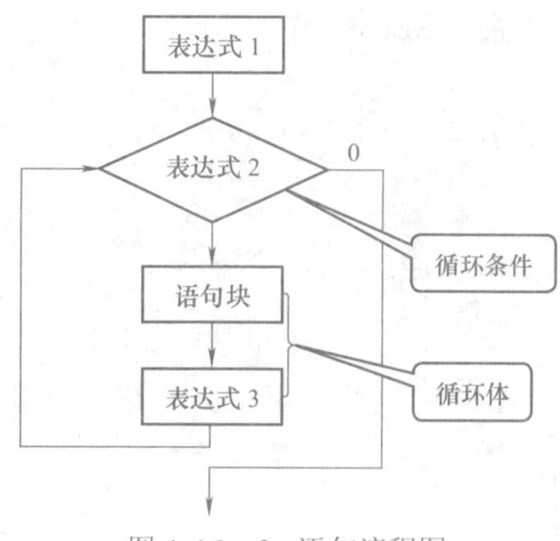

图 4-16　for 语句流程图

对于 for 后面圆括号中的表达式需遵循以下规则：

表达式 1：一般情况下用于给循环变量赋初值。

表达式 2：返回值必须是一个 bool 值，作为循环是否继续执行的判断条件。

表达式 3：一般情况下用于给循环变量增值。

在使用 for 语句时，for 语句后面圆括号中的表达式在有些情况下可以省略，所以使用时需要注意以下几点：

1）在使用 for 语句之前给循环变量赋了初值，这时表达式 1 可以省略。

2）如果循环条件永远为真，在循环语句中加入跳出循环的控制语句，预防循环将无终止地进行下去。这时表达式 2 也可以省略。

3）在使用 for 语句时，另外设计保障程序正常结束的语句，这时表达式 3 也可以省略。

4）在使用 for 语句时，可以省略表达式 1 和表达式 3，只给出循环条件，即只有表达式 2。

5）在使用 for 语句时，可以将三个表达式都省略，语句为 for(; ;)，此时需要在循环体重新加入跳出循环的控制语句，相当于 while(true) 语句。

6）表达式 1 和表达式 3 可以是一个表达式，也可以是几个表达式，但要用逗号隔开。

7）如果 for 表达式后加分号“;”，则 for 语句大括号中的循环体将不会执行。

例：

```
1    int sum = 0;
2    for (int i = 1; i <= 100; i++)
3    {
4        sum += i;
5    }
6    Console.WriteLine(sum);
```

程序解析：任务 4-3 语句与本例程序语句进行比较可以发现，两个程序执行顺序完全一样。甚至可以把 while 简单地替换成 for，并在表达式两边分别加上分号，就完成了 while 到 for 的转换。

【任务 4-5】创建学生成绩统计系统，主要功能要求如下：

1）接收全班人数。

2）接收班级每个学生的成绩。

3）每接收一个成绩，存入成绩数组。

4）进行统计汇总：汇总班级人数，统计最高分、最低分和平均分，各成绩区间的人数。

实施步骤：

1）分析项目要求，设计程序执行流程，如图 4-17 所示。

2）创建名称为 ResultsStatisticsDemo 的窗体应用程序。

3）如图 4-18 所示设计窗体控件，修改窗体 Text 属性为“成绩统计”。

4）修改控件的 Name 属性。“成绩输入”Button 控件的 Name 属性为 btnInput，“成绩统计”Button 控件的 Name 属性为 btnStatic。“班级人数”TextBox 控件的 Name 属性为 txtStudents，ListBox 控件的 Name 属性为 lstDisplay。

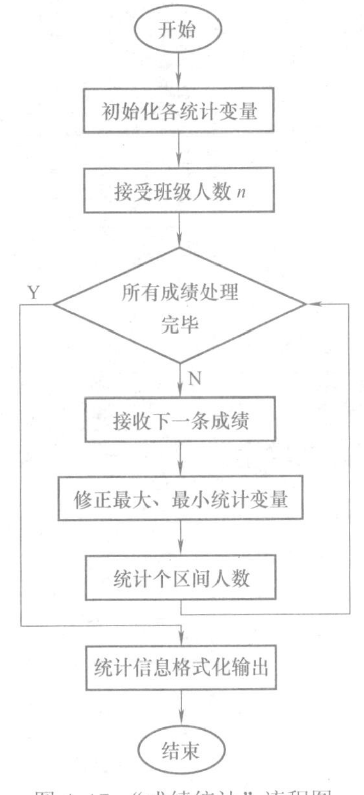

图 4-17 “成绩统计”流程图

图 4-18 “成绩统计”设计图

5）引入 Visual Basic 输入类 InputBox 创建输入对话框。在 C# 中只提供了输出对话框 MessageBox，没有提供输入对话框，但 VB 中提供了输入对话框，根据第 1 章的内容知道 C# 是将 Visual Basic、Visual C++、Visual C#、Visual J# 集成在同一个开发环境下，因此，可以在 Visual C# 中引入 Visual Basic 的组件。引入的步骤如下：

① 右击“解决方案资源管理器”中要加入输入框的项目名称的“引用”命令，在弹出的快捷菜单中选择“添加引用”命令，如图 4-19 所示。

② 在弹出的“添加引用”对话框中选取“.NET”选项卡，选中其中的“Microsoft VisualBasic”项后单击“确定”按钮，如图 4-20 所示。

③ 在“解决方案资源管理器”窗口中的“引用”下将会出现 Microsoft VisualBasic 引用项，如图 4-21 所示。

④回到代码视图，在引入命名空间处输入语句，如图 4-22 所示。

using Microsoft.VisualBasic;

图 4-19　打开“添加引用”对话框

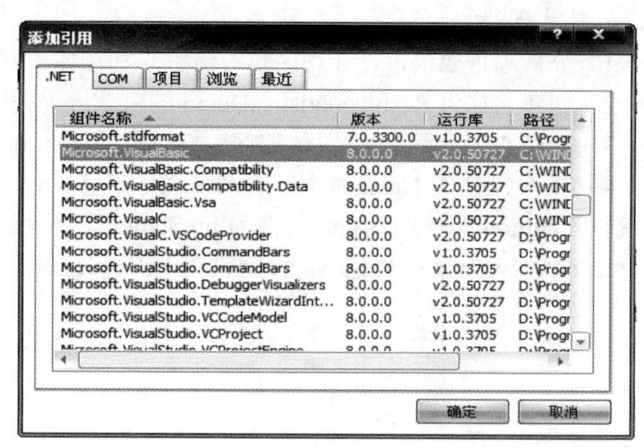

图 4-20　“添加引用”对话框

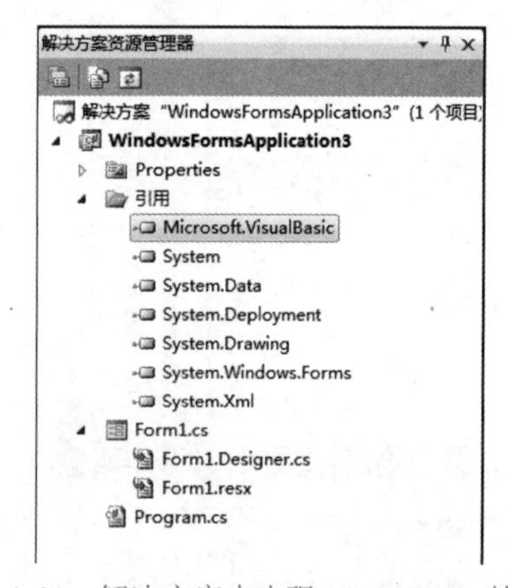

图 4-21　解决方案中出现 Visual Basic 输入类

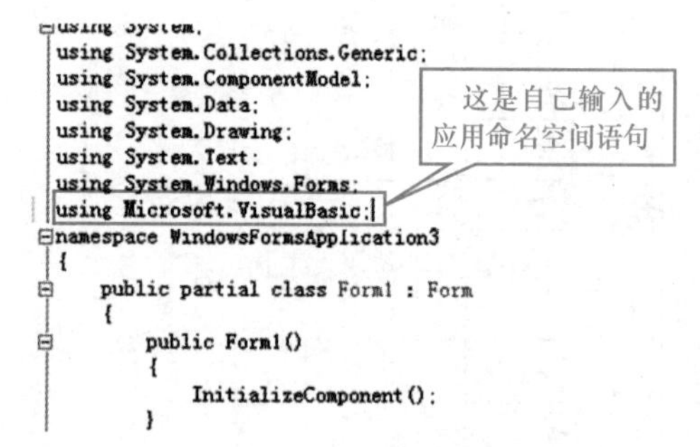

图 4-22　添加引用命名空间

⑤由于 InputBox 函数属于 Interaction 类，所以在引用时如下所示：

Interaction.InputBox(参数表)

输入类 InputBox 的格式：

语法格式：

Interaction.InputBox("Prompt", "Title",DefaultResponse,Xpos,Ypos);

说明：

a）格式中的五个参数缺一不可（而 Visual Basic 中是可以少后四个参数的）。

b）各参数的含义：

- Prompt 字符串表示输入对话框的提示文本信息。
- Title 字符串表示输入对话框的标题。
- DefaultResponse 字符串用来设置输入对话框中的默认文本。
- Xpos 和 Ypos 用于控制输入对话框的显示位置，Xpos 表示屏幕左边到输入对话框左边界的水平距离（单位为像素），Ypos 表示屏幕上边到输入对话框上边界的垂直距离（单位为像素）。

在输入对话框中，如果用户单击“确定”按钮，则 InputBox 函数返回文本框中所有的文本，返回值的数据类型为字符串；若单击“取消”按钮，则返回空字符串。

6）双击相应的 Button 控件，分别输入程序语句。

程序代码如下：

```
1   using System;
2   using System.Collections.Generic;
3   using System.ComponentModel;
4   using System.Data;
5   using System.Drawing;
6   using System.Text;
7   using System.Windows.Forms;
8   using Microsoft.VisualBasic;
9   namespace ResultsStatisticsDemo
10  {
11    public partial class Form1 : Form
12    {
13          public Form1()
14          {
15              InitializeComponent();
16          }
17        string[] infs=new string[5];// 定义数组并初始化
18        int students;
19        int tmp_score;// 定义临时变量，接收每次输入的成绩
20        int max_score = 0,min_score = 0;// 定义最高分和最低分
21        int score_0_59 = 0,score_60_79 = 0,score_80_89 = 0,score_90_100 = 0;
22        double sum = 0.0;
23      double average_score = 0.0;
24        private void btnInput_Click(object sender, EventArgs e)
25        {
26            if (txtStudents.Text == " ")
27            {
28                MessageBox.Show(" 请输入班级总人数！ ");
29                txtStudents.Focus();
30                return;
31            }
32            students = int.Parse(txtStudents.Text);
33            for(int i=1;i<=students;i++)
34            {
35            string str=Interaction .InputBox (" 请输入第 " + i + " 个学生成绩 ", " 成绩输入 ", "0", 300, 200);
36            tmp_score=int.Parse (str);
37            if (i == 1)
38            {
39              min_score = tmp_score;
```

```
40                    max_score = tmp_score;
41                  }
42                  else
43                  {
44                  if (max_score < tmp_score)
45                     max_score = tmp_score;
46                  if (min_score > tmp_score)
47                     min_score = tmp_score;
48                   }
49                  sum = sum + tmp_score; // 统计成绩所在区间的总人数
50                  if ((tmp_score >= 0) && (tmp_score <= 59))
51                           score_0_59++;
52                  if ((tmp_score >= 60) && (tmp_score <= 79))
53                           score_60_79++;
54                  if ((tmp_score >= 80) && (tmp_score <= 89))
55                           score_80_89++;
56                  if ((tmp_score >= 90) && (tmp_score <= 100))
57                           score_90_100++;
58                  }
59                     average_score = sum / students;
60            }
61            private void btnStatic_Click(object sender, EventArgs e)
62            {
63                  infs[0] = string.Format(" 共 {0:d} 人 , 其中最高分 {1:d}, 最低分 {2:d}, 平均分 {3:g}", students, max_
                    score, min_score,average_score);
64                  infs[1] = string.Format(" 成 绩 区 间 0 ～ 59  的 总 人 数 有 {0:d} 人 , 占 比 为 {1:f2}%",score_0_59,
                    score_0_59 * 100.0 / students);
65                   infs[2] = string.Format(" 成 绩 区 间 60 ～ 79  的 总 人 数 有 {0:d} 人 , 占 比 为 {1:f2}%",score_60_79,
                    score_60_79 * 100.0 / students);
66                   infs[3] = string.Format(" 成 绩 区 间 80 ～ 89  的 总 人 数 有 {0:d} 人 , 占 比 为 {1:f2}%",score_80_89,
                    score_80_89 * 100.0/ students);
67                   infs[4] = string.Format(" 成绩区间 90 ～ 100 的总人数有 {0:d} 人 , 占比为 {1:f2}%", score_90_100,
                    score_90_100 * 100.0 / students);
68               for (int i=0; i<infs.Length ; i++)
69               {
70                        lstDisplay.Items.Add(infs[i]);
71               }
72          }
73      }
74  }
```

运行结果：假设班级有 20 人，成绩依次为 76 82 93 86 95 45 68 72 54 56 67 89 88 99 65 72 78 69 33 74，则成绩统计结果如图 4-23 所示。

程序解析：

第 1 行～第 8 行代码为引用 .Net 框架类库提供的命名空间，其中第 8 行代码 using Microsoft.VisualBasic；为引入 Visual Basic 的组件，接下来程序中使用 VB 输入组件来实现成绩的输入。

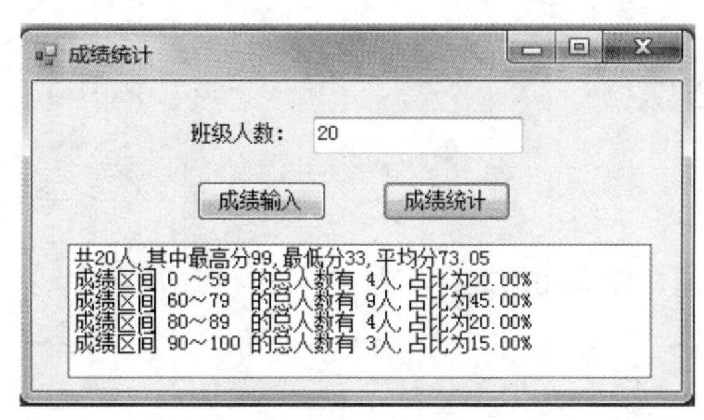

图 4-23 成绩统计效果图

第 9 行开始，声明命名空间 ResultsStatisticsDemo，在 C# 中的各种语言使用的一种代码组织的形式通过名称空间来分类，区别不同的代码功能，同时也是 C# 中所有类的完全名称的一部分。

第 17 行～第 23 行代码定义了相关变量，用来存放程序执行过程中的数据。定义了一个含有 5 个元素的一维数组用来存放各个等级的人数；定义了整型 students、tmp_score、max_score、min_score、score_0_59、score_60_79、score_80_89、score_90_100 用于存放学生人数及成绩变量。Double 型变量 average_score 用于存放平均成绩。

第 25 行～第 60 行代码为“成绩输入”Button 控件下的 Click 事件程序。实现了根据输入的班级人数，实现成绩录入，同时进行统计。

第 62 行～第 72 行代码为“成绩统计”Button 控件下的 Click 事件程序，作用是将成绩输入空间下统计的输入格式化输出，在 ListBox 控件中展示出来。

4.2.4 循环的嵌套

在一个循环体语句中又包含另一个循环语句，称为循环嵌套，包含的另一个循环语句称为内嵌的循环，其还可以嵌套循环，称为多层循环。之前学习的循环（while 循环、do…while 循环和 for 循环）可以互相嵌套使用，使用时需要注意以下几点。

1）使用循环嵌套时，内层循环和外层循环的循环控制变量不能相同。

2）循环嵌套结构的书写，最好采用“右缩进”格式，以体现循环层次的关系。

3）尽量避免太多和太深的循环嵌套结构。

【任务 4-6】打印星形矩阵。

打印星形矩阵操作步骤如下：

1）新建一个 Windows 应用程序项目，并命名为 Pmatrix。

2）把窗体 Form1 命名为 MainForm，并将其 Text 属性设置为“矩阵打印”。

3）在窗体上放置 1 个 Button 控件，命名为 btnprint，Text 属性设置为“打印”。

4）在窗体上放置 1 个 TextBox 控件，命名为 txtMatrix，Multiline 属性设置为 true，然后调整其高度，如图 4-24 所示。

5）双击按钮 btnPrint，生成一个 Click 事件，并在代码窗口中输入如下代码：

```
1   private void btnPrint_Click(object sender, EventArgs e)
2   {
3           string s =" ";
4           for (int i = 0; i <10; i++)
5           {
6                   for (int j = 0; j < 15; j++)
7                   {
8                           s += "*";
9                   }
10                  s += "\r\n"; // 换行符，每行输出完换行
11          }
12          txtMatrix.Text = s;
13  }
```

运行结果，如图 4-25 所示。

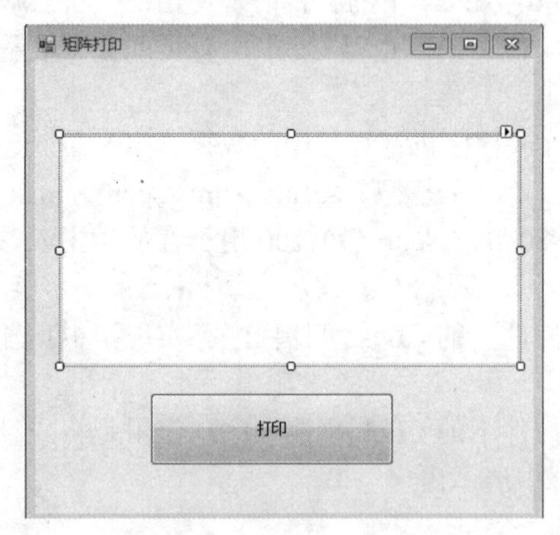

图 4-24　控件分布图

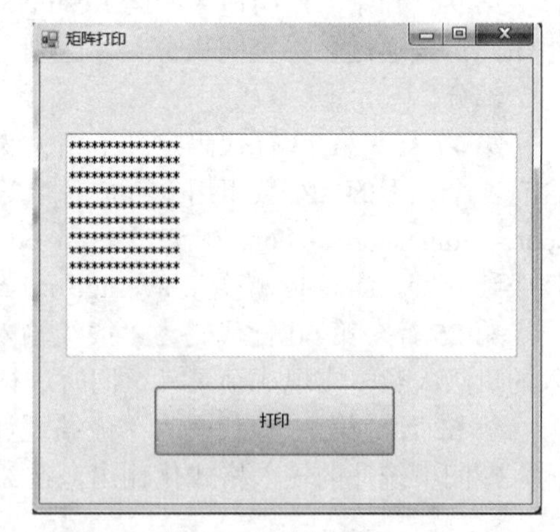

图 4-25　运行结果

程序解析：本例使用了嵌套循环，外层循环为第 4 行的 for 语句，内层循环为第 6 行的 for 语句。外层 for 每循环一次，内层循环将执行 15 次，并在文本框内打印 15 个星号。这样，外层 for 循环 10 次就打印了 10 行星号，在文本框中显示为星号矩阵。

【任务 4-7】打印三角形矩阵。

操作步骤如下：

1）新建一个 Windows 应用程序项目，并命名为 Ptriangles。

2）把窗体 Form1 命名为 MainForm，并将其 Text 属性设置为“三角形打印”。

3）在窗体上放置 1 个 Button 控件，命名为 btnprint，Text 属性设置为“打印”。

4）在窗体上放置 1 个 TextBox 控件，命名为 txtMatrix，Multiline 属性设置为 true，然后调整其高度，与图 4-24 相同。

5）双击按钮 btnPrint，生成一个 Click 事件，并在代码窗口中输入如下代码：

```
1       private void btnPlay_Click(object sender, EventArgs e)
2       {
3        int row =10;
4        string s =" ";
```

```
5       for (int i = 0; i < row; i++)
6       {
7           for (int j = i; j < row-1; j++)
8           {
9               s += " "; // 打印每行前端的空格
10          }
11          for (int k = 0; k <= i; k++)
12          {
13              s += "* "; // 打印空格后面的星号
14          }
15          s += "\r\n"; // 每行打印完打印换行符
16      }
17      txtMatrix.Text = s;
18  }
```

运行结果，如图 4-26 所示。

程序解析：本例使用 1 个外层循环嵌套了 2 个内层循环，第 1 个内层循环负责打印每行“*”号前面的空格，第 2 个内层循环负责在空格之后打印星号。

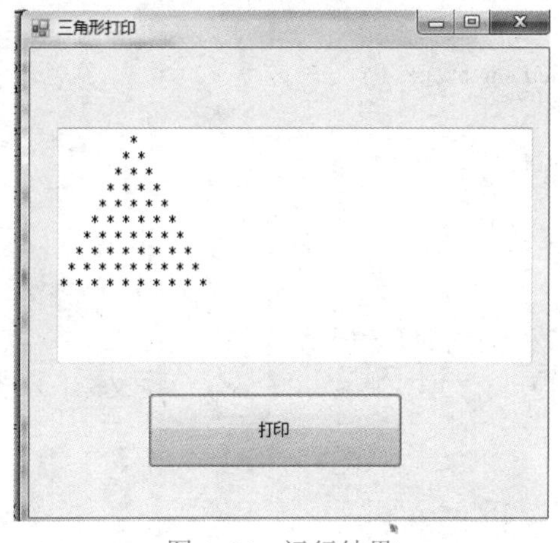

图 4-26 运行结果

4.2.5 foreach 语句

C# 中提供 foreach 语句是一种新的循环类型，用一种简单的方法来访问数组中的元素。

foreach 语句的表现形式如下：

```
foreach ( 类型 标识符 in 表达式 )
{
   循环体
}
```

说明：类型和标识符：用来声明循环变量，在这里，循环变量是一个只读型局部变量，如果试图改变它的值将引发编译时的错误。

表达式：大多是数组名，所以说表达式是集合类型，该集合的元素类型必须与循环变量类型相兼容，就是说，如果两者类型不一致，则必须可以把集合中的元素类型转换成循环变量元素类型。

循环体：一般用于对集合里的每个元素进行相应处理，这里需要注意，不能更改集合元素的值。

注意：

1）foreach语句总是遍历整个数组。如果只需要遍历数组的特定部分（如前半部分），或者绕过特定元素（如只遍历索引为偶数的元素），则最好使用for语句。

2）foreach语句总是从索引0遍历到索引Length-1，如果需要反向遍历，那么最好使用for语句。

3）如果循环体需要知道元素索引，而不仅是元素值，那么必须使用for语句。

4）如果需要修改数组元素，那么必须使用for语句，因为foreach语句的循环变量是一个只读变量。

例：

1．使用 for 遍历规则数组

```
1    int[,,] a = new int[2, 2, 2] { {{ 1, 2 }, { 3,4}},{{ 5, 6 }, { 7,8}} };// 定义一个 2 行 2 列 2 纵深的三维数组 a
2    for (int i = 0; i < a.GetLength (0) ;i++ )
3    {
4        for (int j = 0; j < a.GetLength(1); j++)
5        {
6            for (int z = 0; z < a.GetLength(2);z++ )
7            {
8            Console.WriteLine(a[i,j,z]);
9             }
10         }
11   }
```

2．用 foreach 循环一次性遍历 a 数组

```
1     int[,,] a = new int[2, 2, 2] { {{ 1, 2 }, { 3,4}},{{ 5, 6 }, { 7,8}} };// 定义一个 2 行 2 列 2 纵深的三维数组 a
2    foreach(int i in a)
3     {
4        Console .WriteLine (i);
5     }
```

运行结果：这两种代码执行的结果是一样的，都是每行一个元素，共 8 行，元素分别是 1 2 3 4 5 6 7 8。

程序解析：在 for 循环中用使用了 Array.GetLength(n) 得到数组 [0,1,,,n] 上的维数的元素数，0 代表行，1 代表列，n 代表此数组是 n+1 维。通过数组的上下标循环查询获取元素，而 foreach 语句直接遍历数组中的所有元素，在这里使用 foreach 语句比 for 语句要简洁得多。

【任务 4-8】打印九九乘法表。

操作步骤：

1）新建一个 Windows 应用程序项目，并命名为 PMultiplicationtable。

2）把窗体 Form1 命名为 MainForm，并将其 Text 属性设置为“九九乘法表”。

3）在窗体上放置 1 个 Button 控件，命名为 btnPrint，Text 属性设置为“打印”。

4）在窗体上放置 1 个 TextBox 控件，命名为 txtTable，Multiline 属性设置为 true，并调

整其到大小合适，控件分布如图 4-27 所示。

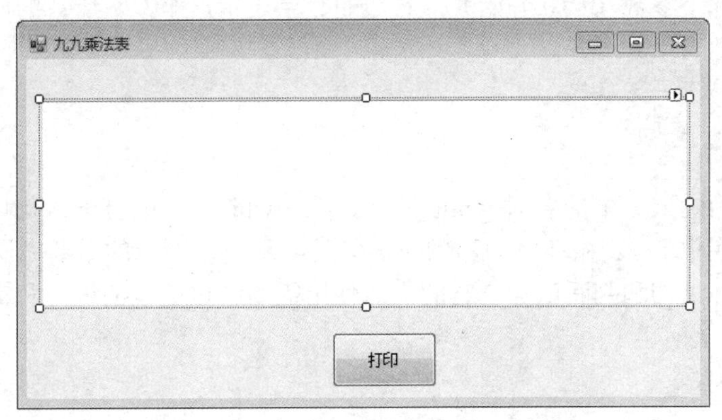

图 4-27　控件分布图

5）双击 btnPrint 生成一个 Click 事件的方法，并在其中输入如下代码：

```
1    private void btnPrint_Click(object sender, EventArgs e)
2    {
3        string s = " ";
4        for (int i = 1; i <= 9; i++)
5        {
6            for (int j = 1; j <= i; j++)
7            {
8                s += string.Format("{0,1}×{1,1}={2,-4}", j, i, j * i);
9            }
10           s += "\r\n";
11       }
12           txtTable.Text = s;
13   }
```

运行结果，如图 4-28 所示。

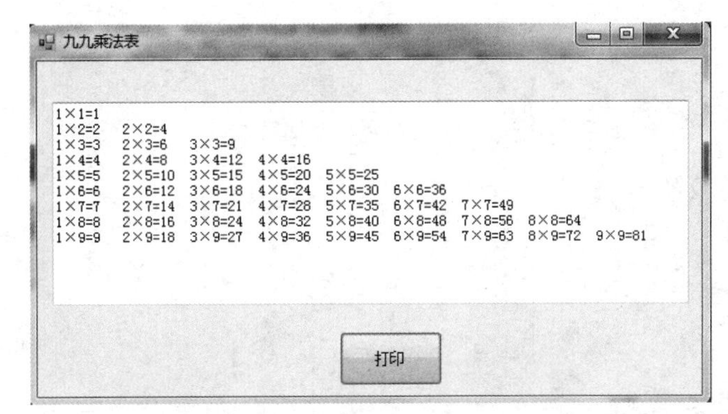

图 4-28　九九乘法表运行结果

程序解析：本例使用了嵌套循环，打印九九乘法表。外层循环打印一行，它的循环变量 i 作为右边乘数。内层循环打印每个乘法表达式，它的循环变量 j 作为左边乘数。

第 8 行使用了 string.Format 方法，它的第 1 个参数是一个字符串，用于格式化字符串。

大括号所占的位置将被后面的参数取代。大括号中有 2 个数字，用逗号分隔，左边的数字表示字符串后的第几个参数（从 0 开始），右边的数字表示这个参数所占的位置为多少。正数表示右对齐，负数表示左对齐。

本章小结

本章详细介绍了 C# 中的各种 while 语句、do…while 语句、for 语句以及 break 语句和 continue 语句的使用方法。循环语句和判断语句是实现程序逻辑的重要方法，在后面章节中也大量使用了循环语句和判断语句，它的灵活使用需要经过大量的练习和实践。

C# 语言是一种现代的、面向对象的语言。面向对象编程的主要思想是将数据以及处理这些数据的相应方法封装到类中，使用类创建的实例称为对象。合理地使用面向对象程序设计可以有效地提高程序设计效率并提高代码的重用性。

5.1 类和对象的概念

类和对象是面向对象的程序设计语言的核心和本质。类实际上定义了一种崭新的数据类型。类表示对现实生活中一类具有共同特征的事物的抽象，对象是具体的类，是类的实例化。它描述了一组有相同特性（数据元素）和相同行为（方法）的对象，具有封装性、继承性和多态性等特性。

把众多的事物归纳、划分成一些类是人类在认识客观世界时经常采用的思维方法。分类的原则是抽象。类是具有相同属性和服务的一组对象的集合，它为属于该类的所有对象提供了统一的抽象描述，其内部包括属性和服务两个主要部分。

类有其特征数据，用来表示状态：用字段表示（变量）。例如，人有年龄、名字和身高等；计算机有 CPU 型号、CPU 品牌、内存容量等。类有其行为（即可以做的）：用方法表示。例如，人能走路、干活等；计算机能帮人们处理事务、计算表达式的值等。

类的字段和方法都叫类的成员。使用类声明可以创建新的类。类声明以一个声明头开始，其组成方式如下：先指定类的属性和修饰符，然后是类的名称，接着是基类（如有）以及该类实现的接口。声明头后面跟着类体，它由一组位于一对大括号“{”和“}”之间的成员声明组成。

类定义：

1．语法格式

```
[类型修饰]  class  类名 [: 基类]
     {
       类体（类成员）;
     }
```

2．类定义时的注意点

1）关键字 class 中的 c 为小写字母，在关键字 class 之前，可以指定类的特性和修饰符，用来控制类的可访问性等。

2）类名一般由名词或名词短语构成，一般首字母大写。

3）类体中可以对常量、字段、方法、属性、事件、索引器、运算符、构造函数和析构函数等进行定义。

例：下面是一个名为 Point 的简单类的声明。

```
1   public class Point
2   {
3     public int x, y;
4     public Point(int x, int y)
5     {
6         this.x = x;
7         this.y = y;
8     }
9   }
```

类的实例使用 new 运算符创建，该运算符为新的实例分配内存，调用构造函数初始化该实例，并返回对该实例的引用。下面的语句创建两个 Point 对象，并将对这两个对象的引用存储在两个变量中。

```
1  Point p1 = new Point(0, 0);
2  Point p2 = new Point(10, 20);
```

当不再使用对象时，该对象占用的内存将自动收回。在 C# 中，没有必要也不可能显式释放分配给对象的内存。

5.2　类的成员

类的成员是静态成员（static member），或者是实例成员（instance member）。静态成员属于类，实例成员属于对象（类的实例）。类的成员，如图 5-1 所示。

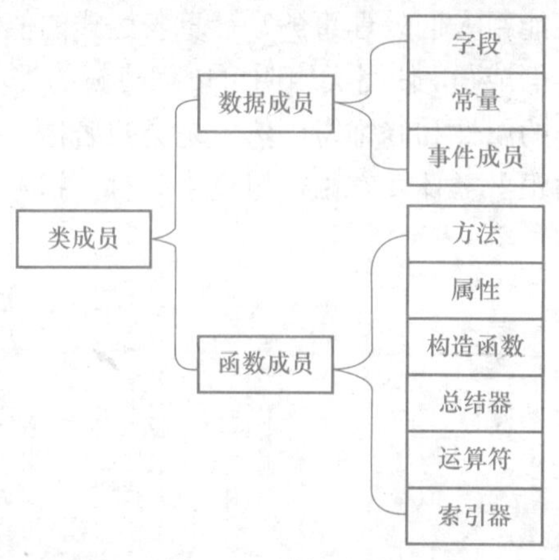

图 5-1　类的成员

类所能包含的成员种类的概述见表 5-1。

表 5-1 类的成员概述

成员	说明
常量	与类关联的常数值
字段	类的变量
方法	类可执行的计算和操作
属性	与读写类的命名属性相关联的操作
索引器	与以数组方式索引类的实例相关联的操作
事件	可由类生成的通知
运算符	类所支持的转换和表达式运算符
构造函数	初始化类的实例或类本身所需的操作
析构函数	在永久丢弃类的实例之前执行的操作
类型	类所声明的嵌套类型

类的每个成员都有关联的可访问性，它控制能够访问该成员的程序文本区域。有 5 种可能的可访问性形式。表 5-2 概述了这些可访问性。

表 5-2 类的修饰符

可访问性	含义
public	访问不受限制
protected	访问仅限于此类和从此类派生的类
internal	访问仅限于此程序
protected internal	访问仅限于此程序和从此类派生的类
private	访问仅限于此类

1. 字段

字段是与类或类的实例关联的变量。使用 static 修饰符声明的字段定义了一个静态字段（static field）。一个静态字段只标识一个存储位置。对一个类无论创建了多少个实例，它的静态字段永远都只有一个副本。

不使用 static 修饰符声明的字段定义了一个实例字段（instance field）。类的每个实例都包含了该类的所有实例字段的一个单独副本。

例：定义一个颜色 Color 类，其每个实例都有实例字段 r、g 和 b 的单独副本，但是 Black、White、Red、Green 和 Blue 静态字段只存在一个副本中，具体程序如下：

```
1    public class Color
2     {
3       public static readonly Color Black = new Color(0, 0, 0);
4       public static readonly Color White = new Color(255, 255, 255);
5       public static readonly Color Red = new Color(255, 0, 0);
6       public static readonly Color Green = new Color(0, 255, 0);
7       public static readonly Color Blue = new Color(0, 0, 255);
8       private byte r, g, b;
9     public Color(byte r, byte g, byte b)
10      {
11        this.r = r;
```

```
12        this.g = g;
13        this.b = b;
14      }
15    }
```

程序解析：可以使用 readonly 修饰符声明只读字段（read-only field）。给 readonly 字段的赋值只能作为字段声明的组成部分出现，或在同一类中的实例构造函数或静态构造函数中出现。

2．方法

方法（method）是一种用于实现可以由对象或类执行的计算或操作的成员。静态方法（static method）通过类来访问。实例方法（instance method）通过类的实例来访问。方法具有一个参数（parameter）列表（可能为空），表示传递给该方法的值或变量引用；方法还具有一个返回类型（return type），指定该方法计算和返回的值的类型。如果方法不返回值，则其返回类型为 void。

方法的签名（signature）在声明该方法的类中必须唯一。方法的签名由方法的名称及其参数的数目、修饰符和类型组成。方法的签名不包含返回类型。

3．参数

参数用于向方法传递值或变量引用。方法的参数从方法被调用时指定的实参（argument）获取它们的实际值。有 4 种类型的参数：值参数、引用参数、输出参数和参数数组。

值参数（value parameter）用于输入参数的传递。一个值参数相当于一个局部变量，只是它的初始值来自为该形参传递的实参。对值参数的修改不影响为该形参传递的实参。

引用参数（reference parameter）用于输入和输出参数传递。为引用参数传递的实参必须是变量，并且在方法执行期间，引用参数与实参变量表示同一存储位置。引用参数使用 ref 修饰符声明。下面的示例演示 ref 参数的使用。

例：ref 参数的使用方法。

```
1    using System;
2    class Test
3     {
4        static void Swap(ref int x, ref int y)
5        {
6           int temp = x;
7           x = y;
8           y = temp;
9        }
10     static void Main()
11     {
12        int i = 1, j = 2;
13        Swap(ref i, ref j);
14        Console.WriteLine("{0} {1}", i, j);
15     }
16   }
```

程序解释：输出参数（output parameter）用于输出参数的传递。对于输出参数来说，调用方提供的实参的初始值并不重要，除此之外，输出参数与引用参数类似。输出参数是用 out 修饰符声明的。

4. 方法体和局部变量

方法体指定了在该方法被调用时将执行的语句，可以声明仅用在该方法调用中的变量。这样的变量称为局部变量（local variable）。局部变量声明指定了类型名称、变量名称，还可指定初始值。

例：声明一个初始值为零的局部变量 i 和一个没有初始值的变量 j。

```
1   using System;
2   class Squares
3   {
4    static void Main()
5    {
6      int i = 0;
7      int j;
8      while (i < 10)
9       {
10        j = i * i;
11        Console.WriteLine("{0} x {0} = {1}", i, j);
12        i = i + 1;
13       }
14    }
15  }
```

程序解析：C#要求在对局部变量明确赋值（definitely assigned）之后才能获取其值。例如，如果前面的 i 的声明未包括初始值，则编译器将对随后对 i 的使用报告错误，因为 i 在程序中的该位置还没有明确赋值。

方法可以使用 return 语句将控制返回到它的调用方。在返回 void 的方法中，return 语句不能指定表达式。在返回非 void 的方法中，return 语句必须含有一个计算返回值的表达式。

5. 静态方法和实例方法

使用 static 修饰符声明的方法为静态方法（static method）。静态方法不对特定实例进行操作，并且只能访问静态成员。

不使用 static 修饰符声明的方法为实例方法（instance method）。实例方法对特定实例进行操作，并且能够访问静态成员和实例成员。在调用实例方法的实例上，可以通过 this 显式地访问该实例。而在静态方法中引用 this 是错误的。

例：下面的 Entity 类具有静态成员和实例成员。

```
1   class Entity
2   {
3    static int nextSerialNo;

4    int serialNo;
5    public Entity()
```

```
6         {
7           serialNo = nextSerialNo++;
8         }
9       public int GetSerialNo()
10      {
11        return serialNo;
12      }
13      public static int GetNextSerialNo()
14      {
15        return nextSerialNo;
16      }
17      public static void SetNextSerialNo(int value)
18      {
19      nextSerialNo = value;
20      }
21    }
```

程序解析：每个 Entity 实例都包含一个序号（并且假定这里省略了一些其他信息）。Entity 构造函数（类似于实例方法）使用下一个可用的序号初始化新的实例。由于该构造函数是一个实例成员，它既可以访问 serialNo 实例字段，也可以访问 nextSerialNo 静态字段。

GetNextSerialNo 和 SetNextSerialNo 静态方法可以访问 nextSerialNo 静态字段，但是如果访问 serialNo 实例字段就会产生错误。

例：Entity 类的使用。

```
1    using System;
2    class Test
3    {
4      static void Main()
5      {
6      Entity.SetNextSerialNo(1000);
7      Entity e1 = new Entity();
8      Entity e2 = new Entity();
9      Console.WriteLine(e1.GetSerialNo());              // 输出 "1000"
10     Console.WriteLine(e2.GetSerialNo());              // 输出 "1001"
11     Console.WriteLine(Entity.GetNextSerialNo());      // 输出 "1002"
12     }
13   }
```

注意:

SetNextSerialNo和GetNextSerialNo静态方法是在类上调用的，而GetSerialNo实例方法是在该类的实例上调用的。

6. 虚方法、重写方法和抽象方法

若一个实例方法的声明中含有 virtual 修饰符，则称该方法为虚方法（virtual method）。若其中没有 virtual 修饰符，则称该方法为非虚方法（non-virtual method）。

在调用一个虚方法时，该调用所涉及的那个实例的运行时类型（runtime type）确定了要被调用的究竟是该方法的哪一个实现。在非虚方法调用中，实例的编译时类型（compile-time type）是决定性因素。

虚方法可以在派生类中重写（override）。当某个实例方法声明包括 override 修饰符时，该方法将重写所继承的具有相同签名的虚方法。虚方法声明用于引入新方法，而重写方法声明则用于使现有的继承虚方法专用化（通过提供该方法的新实现）。

抽象（abstract）方法是没有实现的虚方法。抽象方法使用 abstract 修饰符进行声明，并且只有在同样被声明为abstract的类中才允许出现。抽象方法必须在每个非抽象派生类中重写。

7. 方法重载

方法重载（overloading）允许同一类中的多个方法具有相同的名称，条件是这些方法具有唯一的签名。在编译一个重载方法的调用时，编译器使用重载决策（overload resolution）确定要调用的特定方法。重载决策将查找与参数最佳匹配的方法。如果没有找到任何最佳匹配的方法则报告错误信息。

例：类定义程序。

```
1    class Test
2    {
3        static void F()
4        {
5        Console.WriteLine("F()");
6        }
7        static void F(object x)
8          {
9          Console.WriteLine("F(object)");
10         }
11     static void F(int x)
12        {
13          Console.WriteLine("F(int)");
14        }
15       static void F(double x)
16      {
17        Console.WriteLine("F(double)");
18      }
19     static void F(double x, double y)
20      {
21       Console.WriteLine("F(double, double)");
22      }
23   }
```

程序解析：这段定义了 5 种方法。

方法调用程序：

```
static void Main()
 {
```

```
    F();                    // 调用 F()
    F(1);                   // 调用 F(int)
    F(1.0);                 // 调用 F(double)
    F("abc");               // 调用 F(object)
    F((double)1);           // 调用 F(double)
    F((object)1);           // 调用 F(object)
    F(1, 1);                // 调用 F(double, double)
}
```

程序解析：演示重载决策的工作机制。Main 方法中的每个调用的注释表明实际被调用的方法。方法重载总是通过显式地将实参强制转换为确切的形参类型，来选择一个特定的方法。

8．其他函数成员

其他函数成员包含可执行代码的成员统称为类的函数成员（function member）。前一节描述的方法是函数成员的主要类型。本节描述 C# 支持的其他种类的函数成员：构造函数、属性、索引器、事件、运算符和析构函数。

（1）构造函数　C# 支持两种构造函数：实例构造函数和静态构造函数。实例构造函数（instance constructor）是实现初始化类实例所需操作的成员。静态构造函数（static constructor）是一种用于在第一次加载类本身时实现其初始化所需操作的成员。

构造函数的声明如同方法一样，不过它没有返回类型，并且它的名称与其所属的类的名称相同。如果构造函数声明包含 static 修饰符，则它声明了一个静态构造函数。否则，它声明的是一个实例构造函数。

实例构造函数可以被重载。

例：List 类声明了两个实例构造函数，一个无参数，另一个接受一个 int 参数。实例构造函数使用 new 运算符进行调用。下面的语句分别使用 List 类的每个构造函数分配两个 List 实例。

```
List list1 = new List();
List list2 = new List(10);
```

实例构造函数不同于其他成员，它是不能被继承的。一个类除了其中实际声明的实例构造函数外，没有其他的实例构造函数。如果没有为某个类提供任何实例构造函数，则将自动提供一个不带参数的空的实例构造函数。

（2）属性　属性（property）是字段的自然扩展。属性和字段都是命名的成员，都具有相关的类型，且用于访问字段和属性的语法也相同。然而，与字段不同，属性不表示存储位置。相反，属性有访问器（accessor），这些访问器指定在它们的值被读取或写入时需执行的语句。

属性的声明与字段类似，不同的是属性声明以位于定界符“{”和“}”之间的一个 get 访问器和“/”或一个 set 访问器结束，而不是以分号结束。同时具有 get 访问器和 set 访问器的属性是读写属性（read-write property），只有 get 访问器的属性是只读属性（read-only property），只有 set 访问器的属性是只写属性（write-only property）。

get 访问器相当于一个具有属性类型返回值的无参数方法。除了作为赋值的目标，当在表达式中引用属性时，将调用该属性的 get 访问器以计算该属性的值。

set 访问器相当于具有一个名为 value 的参数并且没有返回类型的方法。当某个属性作为赋值的目标被引用，或者作为 ++ 或 -- 的操作数被引用时，将调用 set 访问器，并传入提供新值的实参。

List 类声明了两个属性 Count 和 Capacity，它们分别是只读属性和读写属性。下面是这些属性的使用示例。

```
List names = new List();
names.Capacity = 100;          // 调用 set accessor
int i = names.Count;           // 调用 get accessor
int j = names.Capacity;        // 调用 get accessor
```

与字段和方法相似，C# 同时支持实例属性和静态属性。静态属性使用 static 修饰符声明，而实例属性的声明不带该修饰符。

属性的访问器可以是虚的。当属性声明包括 virtual、abstract 或 override 修饰符时，修饰符应用于该属性的访问器。

（3）索引器　索引器（indexer）是这样一个成员：它使对象能够用与数组相同的方式进行索引。索引器的声明与属性类似，不同的是该成员的名称是 this，后跟一个位于定界符“[”和“]”之间的参数列表。在索引器的访问器中可以使用这些参数。与属性类似，索引器可以是读写、只读和只写的，并且索引器的访问器可以是虚的。

例：

```
List numbers = new List();
names.Add("Liz");
names.Add("Martha");
names.Add("Beth");
for (int i = 0; i < names.Count; i++)
{
    string s = (string)names[i];
    names[i] = s.ToUpper();
}
```

程序解析：该 List 类声明了单个读写索引器，该索引器接受一个 int 参数。该索引器使得通过 int 值对 List 实例进行索引成为可能。

索引器可以被重载，这意味着一个类可以声明多个索引器，只要它们的参数的数量和类型不同即可。

（4）事件　事件（event）是一种使类或对象能够提供通知的成员。事件的声明与字段类似，不同的是事件的声明包含 event 关键字，并且类型必须是委托类型。

在声明事件成员的类中，事件的行为就像委托类型的字段（前提是该事件不是抽象的并且未声明访问器）。该字段存储对一个委托的引用，该委托表示已添加到该事件的事件处理程序。如果尚未添加事件处理程序，则该字段为 null。

例：如下程序：

```
1    using System;
2    class Test
3    {
4        static int changeCount;
5        static void ListChanged(object sender, EventArgs e)
```

```
6        {
7          changeCount++;
8        }
9     }
```

例：事件使用实例。

```
1    static void Main()
2    {
3        List names = new List();
4        names.Changed += new EventHandler(ListChanged);
5        names.Add("Liz");
6        names.Add("Martha");
7        names.Add("Beth");
8        Console.WriteLine(changeCount);      // Outputs "3"
9    }
```

程序解析：List 类声明了一个名为 Changed 的事件成员，它指示有一个新的项已被添加到列表中。Changed 事件由 OnChanged 虚方法引发，后者先检查该事件是否为 null（表明没有处理程序）。“引发一个事件”与“调用一个由该事件表示的委托”完全等效，因此没有用于引发事件的特殊语言构造。

对于要求控制事件的底层存储的高级情形，事件声明可以显式提供 add 和 remove 访问器，它们在某种程度上类似于属性的 set 访问器。

（5）运算符　运算符（operator）是一种类成员，它定义了可应用于类实例的特定表达式运算符的含义。可以定义三种运算符：一元运算符、二元运算符和转换运算符。所有运算符都必须声明为 public 和 static。

例：使用 == 运算符比较两个 List 实例。

```
1    using System;
2    class Test
3    {
4      static void Main()
5      {
6        List a = new List();
7        a.Add(1);
8        a.Add(2);
9        List b = new List();
10       b.Add(1);
11       b.Add(2);
12       Console.WriteLine(a == b);       // 输出 "True"
13       b.Add(3);
14       Console.WriteLine(a == b);       // 输出 "False"
15     }
16   }
```

程序解析：List 类声明了两个运算符 operator == 和 operator !=，从而为将那些运算符应用于 List 实例的表达式赋予了新的含义。具体而言，上述运算符将两个 List 实例的相等关系定义为逐一比较其中所包含的对象（使用所包含对象的 Equals 方法）。第一个 Console.WriteLine 输出 True，原因是两个列表包含的对象数目和值均相同。如果 List 未定义 operator ==，则第一个 Console.WriteLine 将输出 False，原因是 a 和 b 引用的是不同的 List 实例。

（6）析构函数　析构函数（destructor）是一种用于实现销毁类实例所需操作的成员。析构函数不能带参数，不能具有可访问性修饰符，也不能被显式调用。垃圾回收期间会自动调用所涉及实例的析构函数。

垃圾回收器在决定何时回收对象和运行析构函数方面允许有广泛的自由度。具体而言，析构函数调用的时机并不是确定的，析构函数可能在任何线程上执行。由于这些特点以及其他原因，仅当没有其他可行的解决方案时，才应在类中实现析构函数。

5.3 面向对象实例

【任务 5-1】使用多种方法创建程序实现学生信息登记。

方法 1：

实施步骤：

1）创建 Windows 窗体应用程序，解决方案名称为 StudentInformation。

2）修改窗体 form1 的 Name 属性为 MainForm，Text 属性为“学生信息登记”。

3）创建如图 5-2 所示的窗体，TextBox 控件的 Name 属性依次为 txtNumber、txtName、txtSex、txtAddress。Button 控件的 name 属性依次为 btnLogin、btnTextClear、btnClear。Text 属性如图 5-2 所示。ListBox 的 Name 属性为 rtxtDisplay。

4）单击相应的 Button 控件添加程序。

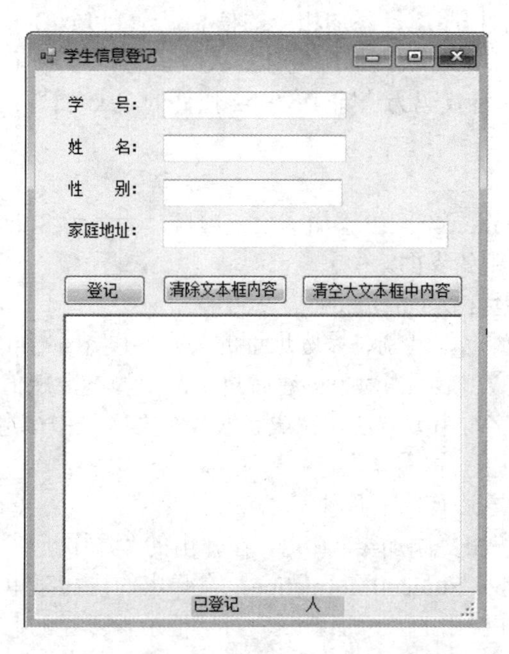

图 5-2 “学生信息登记”界面设计

程序清单：

```
1   int k = 0;
2       private void btnLogin_Click(object sender, EventArgs e)
3       {
4           rtxtDisplay.AppendText(" 学      号：" + txtNumber.Text + "\n");
5           rtxtDisplay.AppendText(" 姓      名：" + txtName.Text + "\n");
6           rtxtDisplay.AppendText(" 性      别：" + txtSex.Text + "\n");
7           rtxtDisplay.AppendText(" 家庭地址：" + txtAddress.Text + "\n");
8           rtxtDisplay.AppendText("\n");
9           k++;
10           lblDisplay.Text = k.ToString ();
11      }
12       private void btnClear_Click(object sender, EventArgs e)
13       {
14           rtxtDisplay.Clear();
15           lblDisplay.Text = " ";
16       }
17       private void btnTextClear_Click(object sender, EventArgs e)
18       {
19           txtName.Text = " ";
20           txtNumber.Text = " ";
21           txtSex.Text = " ";
22           txtAddress.Text = " ";
23       }
```

程序解析：第 1 行语句定义了一个全局变量 k 用于存放统计的人数。第 3 行～第 11 行代码为“添加”按钮下的程序逐行添加相应的信息显示到 ListBox 控件中。第 13 行～第 16 行代码实现清除功能，第 14 行代码清除统计的人数信息；第 15 行代码清除 ListBox 控件中的内容；第 18 行～第 23 行代码为清除 TextBox 控件的 Text 属性。

方法 2：

实施步骤：

1）在 StudentInformation 方案中添加一个新项目，命名为 StudentInformation_class。

2）复制工作任务 1 中的界面。

3）创建 Student 类包含以下成员：

① 表示学生学号、姓名、性别、家庭地址的公有字段 xh、xm、xb、jtdz。

② 定义一个构造函数，完成当对象创建时将函数中的参数赋值给上述 4 个字段的功能。

③ 定义一个公有的字符串型方法，完成获取 4 个文本框中信息的功能。

④ 单击相应按钮添加程序。

C#2010 中创建类的方法有以下几种：

方法 1：选择“项目”→“添加类”命令，在弹出的“添加新项”对话框中输入类的名称。

方法 2：右击项目名称 StudentInformation，在弹出的快捷菜单中选择“添加”→“类”命令，如图 5-3 所示。在弹出的“添加新项”对话框中输入类的名称，如图 5-4 所示，扩展名为 cs。

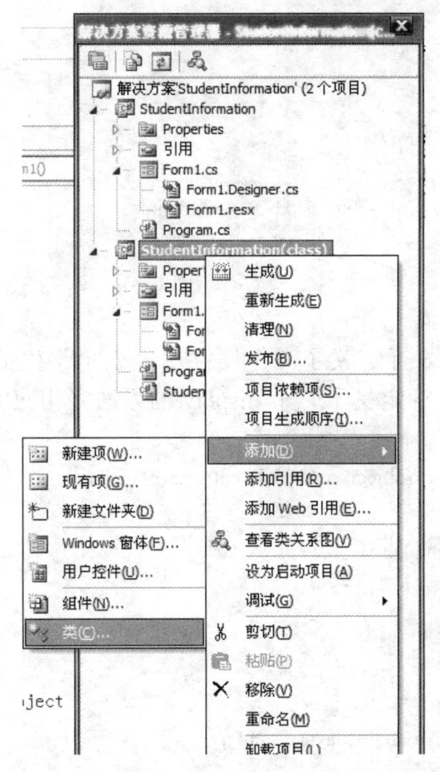

图 5-3 执行“添加”→“类”命令

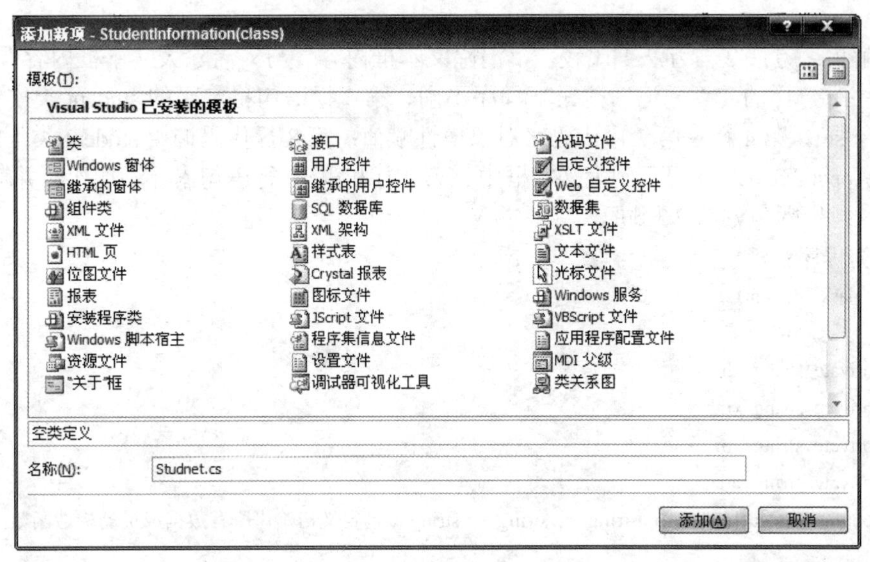

图 5-4 “添加新项”对话框

创建类程序如下：

```
1  public class Student
2     {
3           public string xh;
4           public string xm;
```

```
5          public string xb;
6          public string jtdz;
7          public string display()
8          {
9              string xx;
10              xx = xh + "\n" + xm + "\n" + xb + "\n" + jtdz;
11              return xx;
12          }
13      }
```

程序解析：第 3 行～第 6 行定义了 4 个属性用来表示学生的学号、姓名、性别、家庭住址的属性；第 7 行～第 12 行定义了一个 display 的方法将相应的属性换行显示。

主程序中添加按钮程序如下：

```
1          private void btnLogin_Click(object sender, EventArgs e)
2          {
3              Student stu = new Student();
4              stu.xh = txtNumber.Text;
5              stu.xm = txtName.Text;
6              stu.xb = txtSex.Text;
7              stu.jtdz = txtAddress.Text;
8              rtxtDisplay.AppendText(stu.display()+"\n\n");
9              k++;
10              lblDisplay.Text = k.ToString ();
11          }
```

程序解析：方法 2 与方法 1 比较，“清除文本框内容”与“清除大文本框内容”button 控件下的程序时一样的，“登记”按钮下程序不同。第 3 行语句将定义的 student 类实例化，创建实例对象 stu。第 4 行～第 7 行代码对对象属性赋值；第 8 行代码调用 student 类下的 display 方法使用 AppendText 方法显示到大文本框中。第 9 行和第 10 行语句累计添加次数并输出。

方法 3：步骤与方法 2 相同。

创建类程序：

```
1      public class Student1
2       {
3          private string xh;
4          private string xm;
5          private string xb;
6          private string jtdz;
7          public Student1(string a, string b, string c, string d)// 定义初始化所有数据成员的构造函数
8          {
9              xh = a;
10              xm = b;
11              xb = c;
12              jtdz = d;
13          }
14           public string display()
```

```
15            {
16              string xx;
17               xx = xh + "\n" + xm + "\n" + xb + "\n" + jtdz;
18               return xx;
19            }
20          }
```

程序解析：第 3 行～第 6 行代码的作用与方法 2 相同，第 7 行～第 13 行代码定义初始化所有数据成员的构造函数，第 14 行～第 19 行代码与方法 2 第 7 行～第 15 行相同。

“添加”按钮的程序如下：

```
1     private void btnLogin_Click_1(object sender, EventArgs e)
2     {
3     Student1 stu = new Student1(txtNumber.Text, txtName.Text, txtSex.Text, txtAddress.Text);
4     rtxtDisplay.AppendText(stu.display() + "\n\n");
5     k++;
6     lblDisplay.Text = k.ToString();
7     }
```

程序解析：第 3 行代码定义了参数的实例对象 stu，将 textBox 控件的 text 属性作为实例对象相应的属性，其余代码与方法 2 相同。程序运行结果一致，如图 5-5 所示。

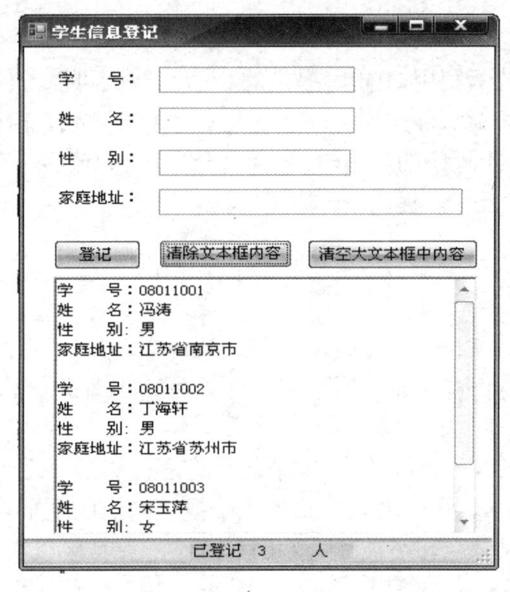

图 5-5　信息录入结果图

本章小结

本章对 C# 类做了详细的介绍，并通过现实生活中的分类方法引入面向对象程序设计中类的定义，介绍了类定义的基本结构，包括修饰符、类的成员等内容，并通过实操项目介绍了类的属性及重载的方法。

第6章 GDI+ 编程基础

在应用程序设计过程中，有时需要输出或者设计一些图形，通过 GDI+ 可以实现在屏幕上绘制直线、曲线和复杂图形。本章主要介绍使用 C# 进行图形图像编程的基础知识，其中包括 GDI+ 绘图基础知识、C# 图像处理基础知识以及简单的图像处理技术。

6.1　GDI+ 绘图基础

在 Windows 操作系统下利用 GDI 所提供的众多函数就可以方便地在屏幕、打印机及其他输出设备上输出图形、文本等操作。GDI 的出现使程序员无需对硬件设备及设备驱动程序进行开发，就可以将应用程序的输出转化为硬件设备上的输出，实现了程序开发者与硬件设备的隔离，方便了开发工作，提高了开发效率。

6.1.1　GDI+ 概述

GDI+（Graphics Device Interface plus）是以前版本 GDI 的继承者，是 Windows 操作系统的一个子系统，它主要负责在显示屏幕和打印设备输出有关信息，它是一组通过 C++ 类实现的应用程序编程接口。

GDI+ 的主要任务是负责系统与绘图程序之间的信息交换，处理所有 Windows 程序的图形输出，是微软在 Windows 2000 以后操作系统中提供的新的图形设备接口，其通过一套部署为托管代码的类来展现，这套类被称为 GDI+ 的“托管类接口”，GDI+ 主要提供了以下三类图形图像的处理服务：

1）二维矢量图形：GDI+ 提供了存储图形基元自身信息的类（或结构体）、存储图形基元绘制方式信息的类以及实际进行绘制的类。

2）图像处理：大多数图片都难以划定为直线和曲线的集合，无法使用二维矢量图形方式进行处理。因此，GDI+ 为人们提供了 Bitmap、Image 等类，它们可用于显示、操作和保存 BMP、JPG、GIF 等图像格式。

3）文字显示：GDI+ 支持使用各种字体、字号和样式来显示文本。

GDI+ 的坐标系统建立在通过像素中心的假想数学直线上，这些直线从 0 开始，其左上角的交点是 X=0，Y=0。假设 X=1，Y=2 的简短记号是点（1，2）。用于绘图的每个窗口都有自己的坐标。如果要创建一个可以在其他窗口使用的定制控件，那么这个定制控件本身就有自己的坐标。换言之，在绘制该定制控件时，它的左上角是点（0，0），不用担心定制控件放在其包含窗体的什么地方。

6.1.2 创建 Graphics 对象

在 C# 编程中，GDI+ 的所有绘图功能都包括在 System、System.Drawing、System.Drawing.Imaging、System.Drawing.Darwing2D 和 System.Drawing.Text 等命名空间中，因此在开始用 GDI+ 类之前，需要先引用相应的命名空间。

当需要创建一个窗口并在该窗口中进行绘图时，首先要创建一个 Graphics 图形对象，Graphics Calss 封装了一个 GDI+ 绘图界面。有 3 种基本类型的绘图界面：Windows 和屏幕上的控件、要发送给打印机的页面、内存中的位图和图像。Graphics 类提供了可以在这些绘图界面上绘图的功能。在画任何对象时，首先要创建一个 Graphics 类实例对象，Graphics 对象包含了 GDI+ 的核心功能，是用于创建图形图像的对象。

创建一个 Graphics 对象通常有以下 3 种方法：

方法 1：调用控件或窗体的 Paint 事件中的 PainEventArgs。

PaintEventArgs 指定绘制控件所用的 Graphics，在窗体或控件的 Paint 事件中接收对图形对象的引用，在为控件创建绘制代码时，通常会使用此方法来获取对图形对象的引用。

例：窗体的 Paint 事件的响应方法。

```
private void MainForm_Paint(object sender, PaintEventArgs e)
{
    Graphics g = e.Graphics;
}
```

方法 2：调用某控件或窗体的 CreateGraphics 方法。

调用某控件或窗体的 CreateGraphics 方法以获取对 Graphics 对象的引用，该对象表示该控件或窗体的绘图图面。如果想在已存在的窗体或控件上绘图，则通常会使用此方法。

例：

```
Graphics g = this.CreateGraphics();
```

方法 3：调用 Graphics 类的 FromImage 静态方法。

在需要更改已存在的图像时，由从 Image 继承的任何对象创建 Graphics 对象。

例：调用名称为 g1.jpg 的图片，图片位于当前路径下。

```
Image img = Image.FromFile("g1.jpg");// 建立 Image 对象
Graphics g = Graphics.FromImage(img);// 创建 Graphics 对象
```

创建了一个 Graphics 对象后，可以利用该对象进行各种图形的绘制。常用的 Graphics 类方法成员见表 6-1。

表 6-1 Graphics 类常用方法

Graphics 类方法成员名称	说　明
DrawArc	画弧线
DrawBezier	画立体的贝塞尔曲线
DrawBeziers	画连续立体的贝塞尔曲线
DrawClosedCurve	画闭合曲线

（续）

Graphics 类方法成员名称	说　明
DrawCurve	画曲线
DrawEllipse	画椭圆
DrawImage	画图像
DrawLine	画线
DrawPath	通过路径画线和曲线
DrawPie	画饼形
DrawPolygon	画多边形
DrawRectangle	画矩形
DrawString	绘制文字
FillEllipse	填充椭圆
FillPath	填充路径
FillPie	填充饼图
FillPolygon	填充多边形
FillRectangle	填充矩形
FillRectangles	填充矩形组
FillRegion	填充区域

6.1.3　GDI+ 常用画图类

在创建了 Graphics 对象后，就可以用它进行绘图了，在绘制画线、填充图形、显示文本等的过程中还需要用到以下类：

1）Pen：用来用 patterns、colors 或者 bitmaps 进行填充。

2）Color：用来画线和多边形，包括矩形、圆和饼形。

3）Font：用来给文字设置字体格式。

4）Brush：用来描述颜色。

5）Rectangle：矩形结构通常用来在窗体上画矩形。

6）Point：描述一对有序的 x，y 两个坐标值。

1. Pen 类

Pen 用来绘制指定宽度和样式的直线和曲线的对象。

使用画笔时，需要先实例化一个画笔对象，实例化画笔的语句格式如下：

```
Pen mypen=new Pen(Color.Blue);
```

或者

```
Pen mypen=new Pen(Color.Blue,100);
```

还可以使用以下几种方法实现画笔对象的实例化。

实例化指定颜色的画笔方法如下：

```
public Pen(Color);
```

实例化指定画刷的画笔方法如下：

```
public Pen(Brush);
```

实例化指定画刷和宽度的画笔方法如下：

```
public Pen(Brush, float);
```

实例化指定颜色和宽度的画笔方法如下：

```
public Pen(Color, float);
```

实例化画笔 Pen 之后，要使用画笔对象进行绘图操作，还需要了解 Pen 的常用属性，包含对齐方式、颜色、线宽等，具体见表 6-2。

表 6-2 Pen 常用属性

名 称	说 明
Alignment	获得或者设置画笔的对齐方式
Brush	获得或者设置画笔的画刷
Color	获得或者设置画笔的颜色
Width	获得或者设置画笔的宽度

2. Color 结构

在 GDI+ 中，Color 结构表示 ARGB 颜色。这里的 ARGB 颜色指的是在自然界中，颜色大都由透明度（A）和三基色（R，G，B）所组成。Color 结构中，除了提供（A，R，G，B）以外，还提供许多系统定义的颜色，另外，还提供许多静态成员，用于对颜色进行操作。Color 结构的基本属性见表 6-3。

表 6-3 颜色的基本属性

名 称	说 明
A	获取此 Color 结构的 alpha 分量值，取值（0 ～ 255）
B	获取此 Color 结构的蓝色分量值，取值（0 ～ 255）
G	获取此 Color 结构的绿色分量值，取值（0 ～ 255）
R	获取此 Color 结构的红色分量值，取值（0 ～ 255）
Name	获取此 Color 结构的名称，将返回用户定义的颜色的名称或已知颜色的名称（如果该颜色是从某个名称创建的），对于自定义的颜色，将返回 RGB 值

Color 结构的静态成员方法见表 6-4。

表 6-4 颜色的基本方法

名 称	说 明
FromArgb	从 4 个 8 位 ARGB 分量（alpha、红色、绿色和蓝色）值创建 Color 结构
FromKnowColor	从指定的预定义颜色创建一个 Color 结构
FromName	从预定义颜色的指定名称创建一个 Color 结构

例：

```
1  Color color1 = Color.FromArgb(122,25,255);
2  Color color2 = Color.FromKnowColor(KnowColor.Brown);// 3  Color color 3 = Color.FromName ("SlateBlue");
```

程序解析：以上提供了 3 种实例化带颜色的 Color 结构的方法，第 2 行语句中的 KnownColor 为枚举类型。

3．Font 类

Font 类用来定义特定的文本格式，包括字体、字号和字形属性。Font 类的常用构造函数如下：

```
public Font(string 字体名 , float 字号，FontStyle 字形 )
```

其中“字号”和“字体”为可选项，“字体名”为 Font 的 FontFamily 的字符串表示形式。字体常用属性见表 6-5。

表 6-5　字体的常用属性

名　称	说　明
Bold	是否为粗体
FontFamily	字体成员
Height	字体高
Italic	是否为斜体
Name	字体名称
Size	字体尺寸
SizeInPoints	获取此 Font 对象的字号，以磅为单位
Strikeout	是否有删除线
Style	字体类型
Underline	是否有下画线
Unit	字体尺寸单位

例：

```
FontFamily fontFamily = new FontFamily("Arial");
Font font = new Font(fontFamily,16,FontStyle.Regular,GraphicsUnit.Pixel);
```

4．Brush 类

Brush 类定义用于填充图形形状（如矩形、椭圆、饼形、多边形和封闭路径）的内部的对象。Brush 类是一个抽象的基类不能被实例化，使用它的派生类进行实例化一个画刷对象，当对图形内部进行填充操作时就会用到画刷。

6.1.4　GDI+ 基本绘图

【任务 6-1】设计一个画一个矩形的程序。

实施步骤：

1）创建 Windows 窗体应用程序，解决方案名称为 DrawRec。

2）修改窗体 form1 的 Name 属性为 MainForm，Text 属性为“画矩形”。

3）添加如图 6-1 所示的控件创建窗体，PictureBox 控件的 Name 属性为 picDispaly，代表高的 TextBox 控件的 name 属性为 txtHeighr，代表宽的 TextBox 控件的 Name 属性为 txtWide。Button 控件的 Name 属性为 btnDraw。

4）单击相应的 Button 控件添加程序。

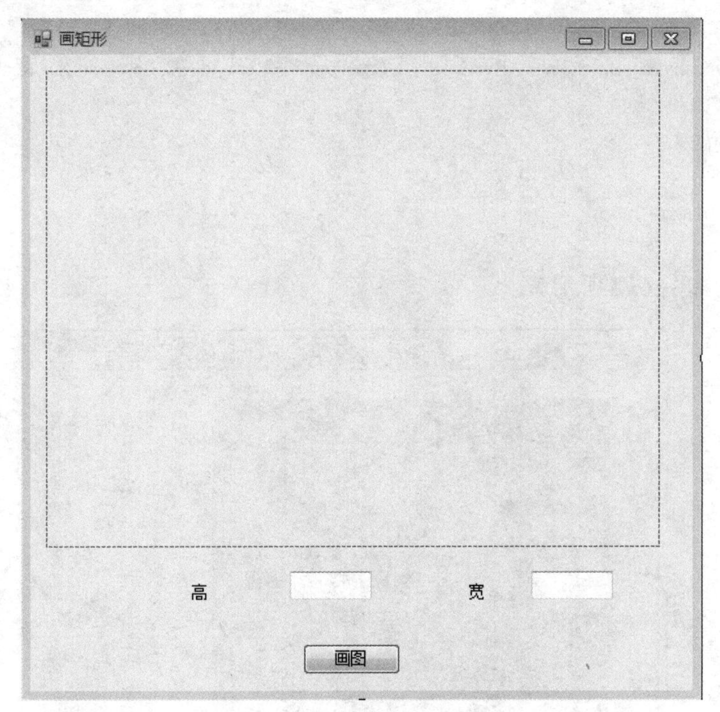

图 6-1 “画矩形”窗体

主程序如下：

```
1   static int wide = 300;
2   static int height = 300;
3   int BasePointX = wide / 2;    // 原点 X 坐标
4   int BasePointY = height / 2;   // 原点 Y 坐标
5   private void btnDraw_Click(object sender, EventArgs e)
6   {
7       Bitmap bmp = new Bitmap(wide, height);
8       System.Drawing.Pen myPen = new System.Drawing.Pen(System.Drawing.Color.Black);
9       Graphics ghp = Graphics.FromImage(bmp);
10      ghp.Clear(Color.DodgerBlue);
11      myPen = new System.Drawing.Pen(System.Drawing.Color.Red);
12      ghp.Clear(Color.DodgerBlue);
13      Brush br = new SolidBrush(Color.Black);
14      ghp.DrawString(" 画矩形 ", new Font(" 宋体 ", 10, FontStyle.Regular), br, 0, 0);
15      int RecHeigh = Int16.Parse(txtHeigh.Text);
16      int RecWide = Int16.Parse(txtWide.Text);//Y 轴
17      ghp.DrawLine(myPen, BasePointX, 20, BasePointX, height - 20);//X 轴
18      ghp.DrawLine(myPen, 20, BasePointY, wide - 20, BasePointY); // 画矩形
19      ghp.DrawLine(myPen, BasePointX - RecHeigh / 2, BasePointY - RecWide / 2, BasePointX - RecHeigh / 2,
        BasePointY + RecWide / 2);// 左竖线
20      ghp.DrawLine(myPen, BasePointX + RecHeigh / 2, BasePointY - RecWide / 2, BasePointX + RecHeigh / 2,
        BasePointY + RecWide / 2);// 右竖线
21      ghp.DrawLine(myPen, BasePointX - RecHeigh / 2, BasePointY - RecWide / 2, BasePointX + RecHeigh / 2,
```

```
        BasePointY - RecWide / 2);// 上横线
22      ghp.DrawLine(myPen, BasePointX - RecHeigh / 2, BasePointY + RecWide / 2, BasePointX + RecHeigh / 2, BasePointY
        + RecWide / 2);// 下横线
23      myPen.Dispose();
24      ghp.Dispose();
25      picDispaly.Image = bmp;
26    }
```

运行结果，如图 6-2 所示。

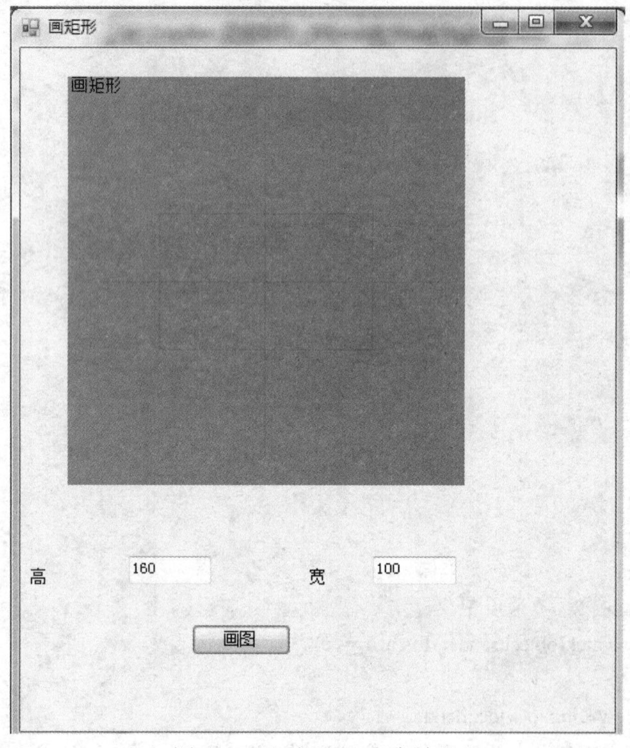

图 6-2 “画矩形”程序结果

程序解析：第 1 行～第 4 行代码声明了全局静态变量，用来限定画图区域以及寻找中心点；第 7 行代码实例化一个位图类准备给图形框赋值，第 8 行代码实例化一个带颜色的画笔，第 9 行代码实例化一个 Graphics 类调用之前实例化的位图对象，第 10 行代码将图像背景色设置为蓝色， 第 14 行代码调用 DrawString 方法输出“画矩形”文本；第 15 行和第 16 行代码定了要画的矩形的高和宽，并将在 TextBox 控件中获取的数值转赋值给变量。第 17 行和第 18 行使用了画直线的方法，画出了 X 轴和 Y 轴。第 19 ～第 22 行使用画直线的方法画矩形。第 23 行和第 24 行使用 Dispose 方法释放相应资源，第 25 行代码将图像赋给 PictureBox 的 Image 属性，显示出来。

【任务 6-2】设计一个画一个椭圆的程序。

实施步骤：

1）创建 Windows 窗体应用程序，解决方案名称为 Drawplo。

2）修改窗体 form1 的 Name 属性为 MainForm，Text 属性为“画椭圆”。

3）添加如图 6-3 所示的控件创建窗体，PictureBox 控件的 Name 属性为 picDispaly，代表半长轴的 TextBox 控件的 Name 属性为 txtLong，代表半短轴的 TextBox 控件的 Name 属性为 txtShort。Button 控件的 Name 属性为 btnDraw。

4）单击相应的 Button 控件添加程序。

主程序如下：

```
1    static int wide = 300;
2    static int height = 300;
3    int BasePointX = wide / 2;    // 原点 X 坐标
4    int BasePointY = height / 2;   // 原点 Y 坐标
5    private void button1_Click(object sender, EventArgs e)
6    {
7        Bitmap bmp = new Bitmap(wide, height);
8        icolor = icolor + 1000;
9        Color color1;
10       color1 = Color.FromArgb(icolor);
11       System.Drawing.Pen myPen = new System.Drawing.Pen(color1);
12       Graphics ghp = Graphics.FromImage(bmp);
13       ghp.Clear(Color.DodgerBlue);
14       myPen = new System.Drawing.Pen(System.Drawing.Color.Red);
15       ghp.Clear(Color.DodgerBlue);
16       Brush br = new SolidBrush(color1);
17       ghp.DrawString(" 画椭圆 ", new Font(" 宋体 ", 10, FontStyle.Regular), br, 0, 0);
18       int semi_major = Int32.Parse(txtLong.Text);
19       int semi_minor = Int32.Parse(txtShort.Text);
        //Y 轴
20      ghp.DrawLine(myPen, BasePointX, 20, BasePointX, height - 20);
        //X 轴
21      ghp.DrawLine(myPen, 20, BasePointY, wide - 20, BasePointY);
        // 画图形
        // 算法：X 坐标从 -r → r,Y 坐标从 0 → r 判断 X²+Y² 是否小于 r²
22       int x, y;
23       Rectangle rect1 = new Rectangle();
24       rect1.X = BasePointX - semi_major;
25       rect1.Y = BasePointY - semi_minor;
26       rect1.Width = 2 * semi_major;
27       rect1.Height = 2 * semi_minor;
28       ghp.DrawEllipse(myPen, rect1);
29       myPen.Dispose();
30       ghp.Dispose();
31       picDispaly.Image = bmp;
32   }
```

运行结果，如图 6-4 所示。

程序解析：程序第 8 行～第 11 行定义了一个颜色 ARGB 实例对象，第 23 行～第 27 行语句实例化一个矩形对象，X、Y 为矩形的起点，Width、Heigth 为矩形的宽和高，第 28 行语句使用画椭圆的方法画出图形。其余程序与“画矩形”程序相同。

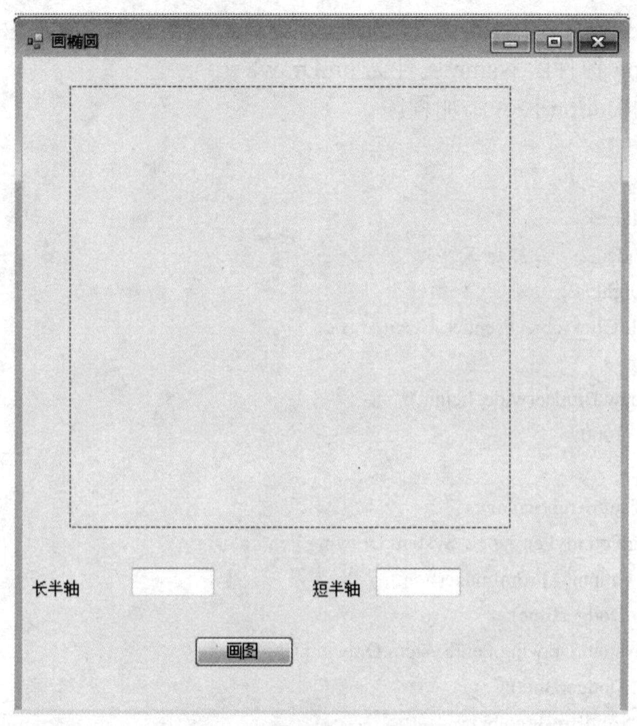

图 6-3 “画椭圆”界面图

图 6-4 “画椭圆”结果图

【任务 6-3】设计一个画一个圆形程序。

1）创建 Windows 窗体应用程序，解决方案名称为 DrawC。

2）修改窗体 form1 的 Name 属性为 MainForm，Text 属性为“画圆形”。

3）添加如图 6-5 所示的控件创建窗体，PictureBox 控件的 Name 属性为 picDispaly，代表半径的 TextBox 控件的 Name 属性为 txtRadius。

4）单击相应的 Button 控件添加程序。

主程序如下：

```
1    int temp = 200;
2    static int wide=300;
3    static int height =300;
4    int BasePointX =wide/2;    // 原点 X 坐标
5     int BasePointY=height/2;   // 原点 Y 坐标
6    private void btnStart_Click(object sender, EventArgs e)
7     {
8       Bitmap bmp = new Bitmap(wide, height);
9       System.Drawing.Pen myPen = new System.Drawing.Pen(System.Drawing.Color.Black);
10        Graphics ghp = Graphics.FromImage(bmp);
11        ghp.Clear(Color.DodgerBlue);
12        myPen = new System.Drawing.Pen(System.Drawing.Color.Red);
13        ghp.Clear(Color.DodgerBlue);
14        Brush br = new SolidBrush(Color.Black);
15       ghp.DrawString(" 画圆形 ", new Font(" 宋体 ", 10,FontStyle.Regular), br, 0, 0);
16        int radius=Int16.Parse(txtRadius.Text);
      //Y 轴
17        ghp.DrawLine(myPen, BasePointX, 20, BasePointX, height- 20);
      //X 轴
18        ghp.DrawLine(myPen, 20, BasePointY, wide - 20, BasePointY);
      // 画图形
      // 算法：X 坐标从 -r → r,Y 坐标从 0 → r 判断 X²+Y² 是否小于 r²
19        int x, y;
20        for (x = 0; x <= radius; x++)
21        {
22           for (y = 0; y <= radius; y++)
23           {
24              if ((x * x + y * y) <= radius * radius)
25              {
26                 bmp.SetPixel(BasePointX + x, BasePointY + y, Color.Black);
27                 bmp.SetPixel(BasePointX + x, BasePointY - y, Color.Black);
28                 bmp.SetPixel(BasePointX - x, BasePointY + y, Color.Black);
29                 bmp.SetPixel(BasePointX - x, BasePointY - y, Color.Black);
30              }
31           }
32        }
33        myPen.Dispose();
34        ghp.Dispose();
35        picDispaly.Image = bmp;
36     }
```

运行结果，如图 6-6 所示。

程序解析：本程序实现的是填充圆形的画法，所以第 20 行～第 23 行使用了 for 循环的嵌套，将图形内部填充满黑色点，来实现填充圆的效果。

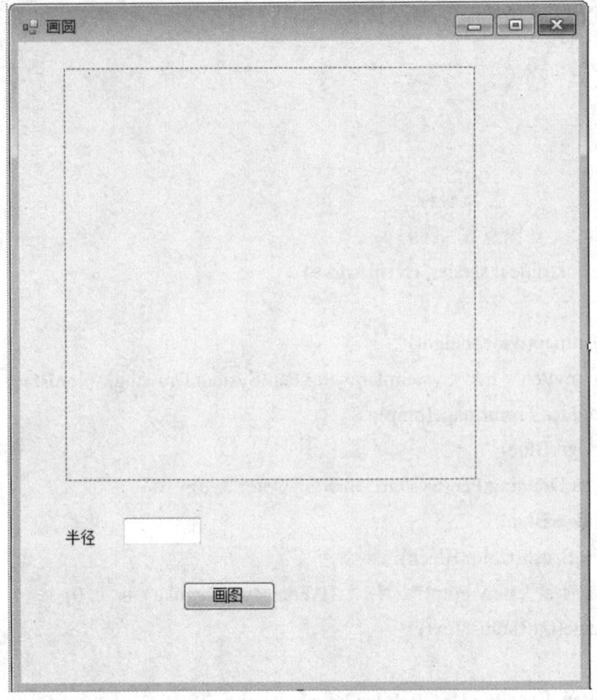

图 6-5 “画圆”界面设计

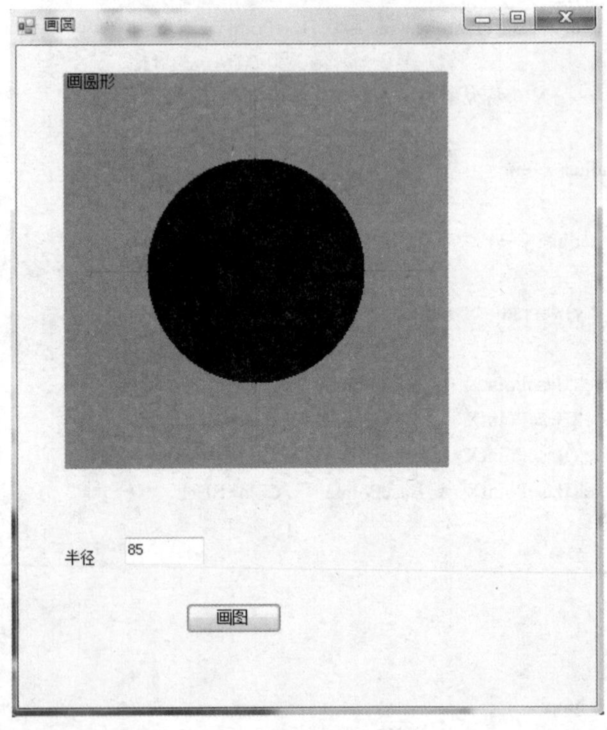

图 6-6 “画圆”结果图

6.2 图形图像处理基础

前一节介绍了 GDI+ 绘图基础，本节将简单介绍图像处理的基本方法和技巧，主要包括图像的加载和保存等操作。

6.2.1 C# 图像处理概述

GDI+ 支持的图像格式几乎涵盖了所有的常用图像格式，有 BMP、GIF、JPEG、EXIF、PNG、TIFF、ICON、WMF、EMF 等，使用 GDI+ 可以显示和处理多种格式的图像文件。

在使用 GDI+ 处理图像时，为使用户进行图像格式的加载、变换和保存等操作更为方便，提供了 Image、Bitmap 和 Metafile 等类。

1. Image 类

Image 类是为 Bitmap 和 Metafile 的类提供功能的抽象基类。

Image 类含有的公共属性见表 6-6。

表 6-6　公共属性表

名　称	属　性
Flags	获取特性的像素数据的标识
FrameDimensionsList	获取表示在此帧的维数的 Guid 的数组
Height	获取的高度
HorizontalResolution	获取以每英寸的像素为单位的水平分辨率
Palette	获取或设置用于此目的的颜色调色板
PhysicalDimension	获取此图像的宽度和高度
PixelFormat	获取此像素格式
PropertyIdList	获取存储于此的属性项的 Id
PropertyItems	获取的所有属性项（元数据片）存储在此
RawFormat	获取此文件格式
Size	获取此图像的宽度和高度（以像素为单位）
Tag	获取或设置提供有关图像的附加数据的对象
VerticalResolution	获取以每英寸的像素为单位的垂直分辨率
Width	获取的宽度，以像素为单位

2. Metafile 类

定义图形图元文件，图元文件包含描述一系列图形操作的记录，这些操作可以被记录（构造）和被回放（显示）。其属性从 Image 继承。

3．Bitmap 类

封装 GDI+ 位图，此位图由图形图像及其属性的像素数据组成，Bitmap 是用于处理由像素数据定义的图像的对象。

命名空间：System.Drawing。

该命名空间提供了对 GDI+ 基本图形功能的访问。

Bitmap 类常用方法和属性见表 6-7。

表 6-7　Bitmap 常用属性和方法

	名　称	说　明
公共属性	Height	获取此 Image 对象的高度
	RawFormat	获取此 Image 对象的格式
	Size	获取此 Image 对象的宽度和高度
	Width	获取此 Image 对象的宽度
公共方法	GetPixel	获取此 Bitmap 中指定像素的颜色
	MakeTransparent	使默认的透明颜色对此 Bitmap 透明
	RotateFlip	旋转、翻转或者同时旋转和翻转 Image 对象
	Save	将 Image 对象以指定的格式保存到指定的 Stream 对象
	SetPixel	设置 Bitmap 对象中指定像素的颜色
	SetPropertyItem	将指定的属性项设置为指定的值
	SetResolution	设置此 Bitmap 的分辨率

Bitmap 类有多种构造函数，因此可以通过多种形式建立 Bitmap 对象，在前面图形的绘制中是使用了该方法。

还可以从指定的图像文件建立 Bitmap 对象，其中“C:\MyImages\TestImage.bmp”是已存在的图像文件，代码如下：

```
Bitmap bmp =new Bitmap("C:\\MyImages\\TestImage.bmp");
```

6.2.2　图像的输入和保存

1．图像的输入

在窗体或图形框内输入图像有两种方式：

（1）窗体设计时使用图形框对象的 Image 属性输入　窗体设计时使用对象的 Image 属性输入图像的操作如下：

1）在窗体上，添加一个图形框控件 PictureBox，选择图形框对象属性中的 Image 属性，如图 6-7 所示。

2）单击 Image 属性右侧的“…”按钮，弹出“选择资源”对话框，如图 6-8 所示，在该对话框中选择“本地资源”，单击“导入”按钮，弹出“打开”对话框，选择需要添加的文件路径，找到相应的文件，然后单击“打开”按钮。

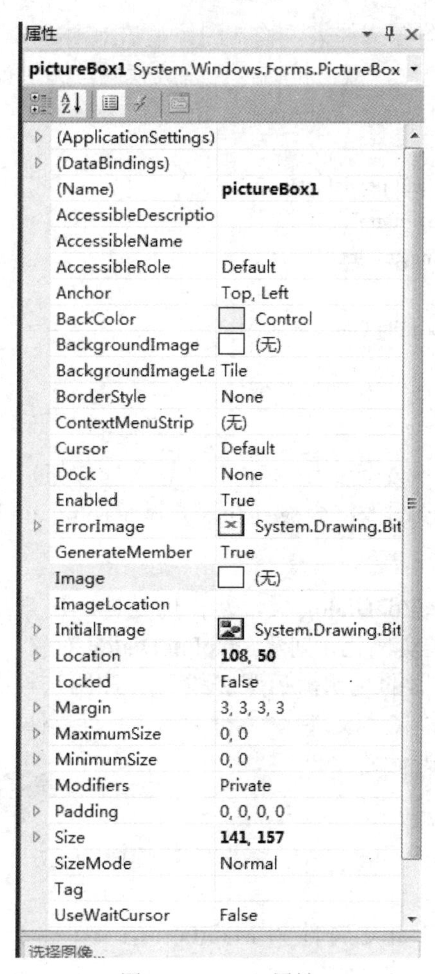

图 6-7 Image 属性

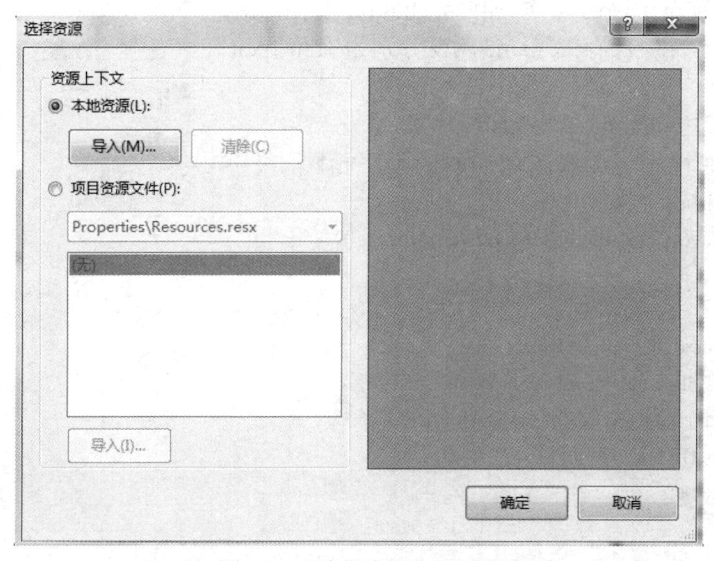

图 6-8 “选择资源”对话框

（2）使用程序打开选择图像文件夹，输入图像　在窗体上添加一个 button 按钮控件，并添加一个 pictureBox 图形框控件，双击按钮控件生成代码，添加如下代码实现加载图像功能。

```
1  private void btnOpen_Click(object sender, EventArgs e)
2  {
3      OpenFileDialog ofdlg = new OpenFileDialog();
4      ofdlg.Filter = "BMP File(*.bmp)|*.bmp";
5      if (ofdlg.ShowDialog() == DialogResult.OK)
6      {
7          Bitmap image = new Bitmap(ofdlg.FileName);
8          picDispaly.Image = image;
9      }
10 }
```

单击按钮会弹出“打开”对话框，和单击“导入”按钮后效果一致。在“打开文件”对话框中，选择图像文件，该图像将会被打开，并显示在 pictureBox1 图像框中。

2．图像的保存

C# 中图形保存使用 SaveFileDialog 类，其作用是提示用户选择保存文件的位置。使用时首先要将 SaveFileDialog 类实例化，创建 SaveFileDialog 对象，对其文件过滤器 filter 赋值。筛选器字符串必须包含筛选器的说明，后跟竖线（|）和筛选模式。不同筛选选项的字符串还必须以竖线分隔。例如，“文本文件（*.txt）|*.txt| 所有文件（*.*）|*.*”。

【任务 6-4】打开和保存图片。

实施步骤：

1）创建 Windows 窗体应用程序，解决方案名称为 OpenSaveDemo。

2）修改窗体 form1 的 Name 属性为 MainForm，text 属性为“图像处理”。

3）添加如图 6-9 所示的控件创建窗体，PictureBox 控件的 Name 属性为 picDispaly，添加两个 button 控件，text 属性分别为“打开”和“保存”，name 属性分别为“btnOpen”和“btnSave”。

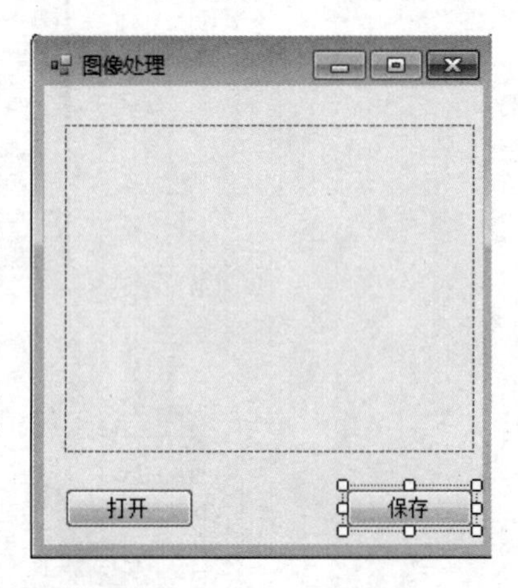

图 6-9 “打开”“保存”图像

4）单击相应的 button 控件添加程序。

“打开”按钮程序与加载图像功能的程序相同，不再赘述，“保存”按钮主程序如下：

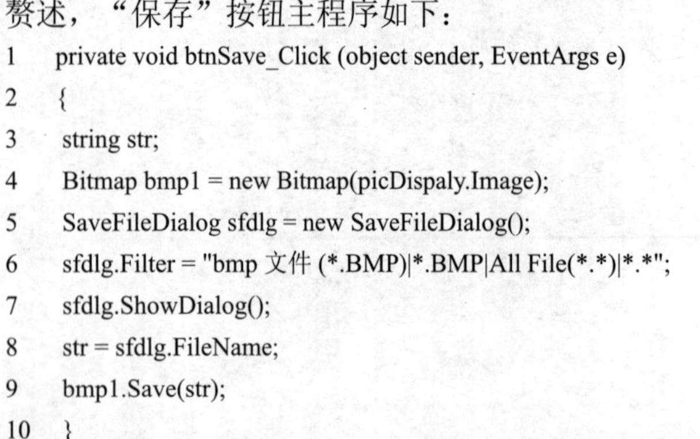

```
1  private void btnSave_Click (object sender, EventArgs e)
2  {
3  string str;
4  Bitmap bmp1 = new Bitmap(picDispaly.Image);
5  SaveFileDialog sfdlg = new SaveFileDialog();
6  sfdlg.Filter = "bmp 文件 (*.BMP)|*.BMP|All File(*.*)|*.*";
7  sfdlg.ShowDialog();
8  str = sfdlg.FileName;
9  bmp1.Save(str);
10 }
```

程序执行，单击“保存”按钮，将打开“保存”对话框，选择图像文件的保存路径，输入文件名及扩展名即可保存图像。

3. 图像格式的转换

使用 Bitmap 对象的 Save 方法，可以把打开的图像保存为不同的文件格式，从而实现图像格式的转换。Imaging.ImageFormat 支持的格式见表 6-8。

表 6-8 Imaging. ImageFormat 支持的格式

名　称	说　明
Bmp	位图图像格式（BMP）
Emf	增强型 Windows 图元文件图像格式（EMF）
Exif	可交换图像文件（Exif）格式
Gif	图形交换格式（GIF）图像格式
Guid	表示此 ImageForma 对象的 Guid 结构
Icon	Windows 图标图像格式
Jpeg	联合图像专家组（JPEG）图像格式
MemoryBmp	内存位图图像格式
Png	W3C 可移植网络图形（PNG）图像格式
Tiff	标签图像文件格式（TIFF）图像格式
Wmf	Windows 图元文件（WMF）图像格式

【任务 6-5】实现图像格式转换。

1）创建 Windows 窗体应用程序，解决方案名称为 ChangeDemo。

2）修改窗体 form1 的 Name 属性为 MainForm，Text 属性为“图像处理”。

3）添加如图 6-10 所示的控件创建窗体，PictureBox 控件的 Name 属性为 picDispaly，添加两个 Button 控件，Text 属性分别为“打开”“另存为”，Name 属性分别为“btnOpen”和“btnSave”。

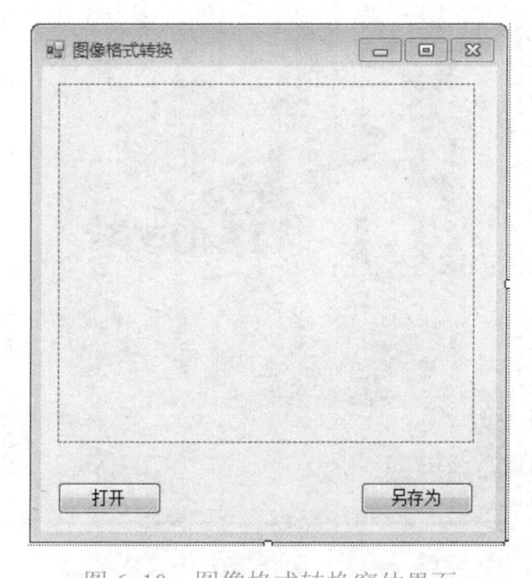

图 6-10 图像格式转换窗体界面

4）单击相应的 button 控件添加程序。

```
1    private void btnOpen_Click(object sender, EventArgs e)
2    {
3      OpenFileDialog ofdlg = new OpenFileDialog();
4      ofdlg.Filter = "BMP File(*.jpg)|*.jpg";
5      if (ofdlg.ShowDialog() == DialogResult.OK)
6      {
7        Bitmap image = new Bitmap(ofdlg.FileName);
8        picDispaly.Image = image;
9      }
10   }
11   private void btnSave_Click(object sender, EventArgs e)
12   {
13     string str;
14     Bitmap bmp1 = new Bitmap(picDispaly.Image);
15     SaveFileDialog sfdlg = new SaveFileDialog();
16     sfdlg.Filter = "jpg 文件 (*.bmp)|*.jpg|All File(*.*)|*.*";
17     sfdlg.ShowDialog();
18     str = sfdlg.FileName;
19     bmp1.Save(str, System.Drawing.Imaging.ImageFormat.Jpeg);
20   }
```

运行结果，如图 6-11 和图 6-12 所示。

程序解析：第 1 行～第 10 行代码使用了 OpenFileDialog 方法打开图像文件，并将图像文件显示到 PictureBox 控件上，第 11 行～第 20 行代码使用了 Bitmap 类下的 Save 方法，与之前的保存方法相比较，改变图像格式就是调用了不同的 Save 方法。

图 6-11　打开图像文件效果图

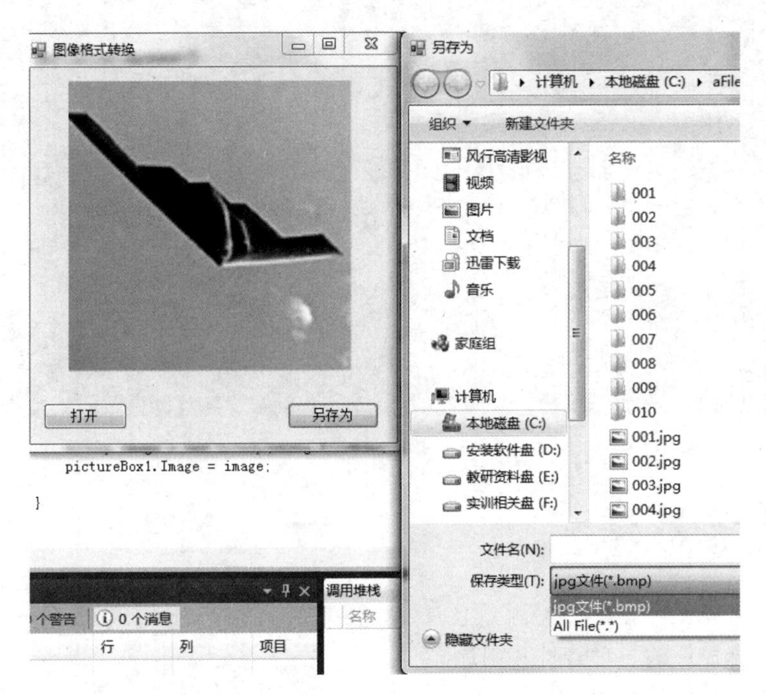

图 6-12　单击“另存为”按钮，打开“另存为”对话框

Bitmap 对象的 Save 方法中的第 2 个参数指定了图像保存的格式。

本章小结

本章主要讲述了 C# 下的图形图像基础知识，其中包括对图形的绘制，图像的处理和音频视频等多媒体的使用方法；在图片处理方面 .NET 提供了一个 GDI+，其功能十分强大，能完成对图像的全方位处理。

CHAPTER 7 第7章 嵌入式编程实例

7.1 数字签字板

实训目的：

1）常用标准控件的各种特性和用途。

2）常用标准控件的使用。

3）添加用户控件。

实训内容：

创建一个 Windows 窗体程序，要求添加一个用户控件，实现按住鼠标左键移动鼠标记录移动路线，添加 4 个 Button 控件分别设置背景色用以控制用户控件画线的颜色，另外再添加两个 Button 控件用来保存图像及清除图像。

实施步骤：

1）建立一个 Windows 窗体应用程序，并把项目命名为 SignatureControl。

2）创建用户控件，步骤如下：

① 在“解决方案资源管理器”上单击右键，在弹出的快捷菜单中，执行“添加”→“用户控件”命令，弹出“添加新项”对话框，如图 7-1 所示。

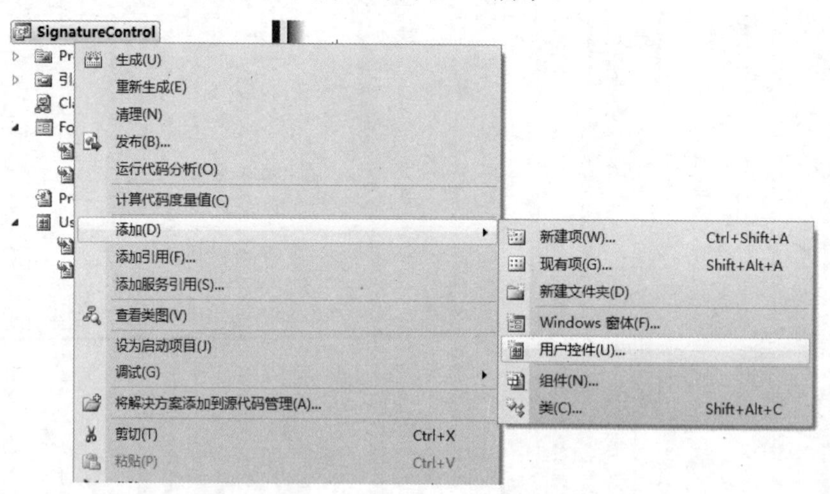

图 7-1 选择“添加”→“用户控件”命令

② 在“添加新项”对话框中“已安装的模板”中，选择 Windows Forms 选项卡，选择“用户控件”选项，或者在默认下选择“用户控件”选项，在“名称”文本框中输入需要创建的控件的名称为 UserControll，如图 7-2 所示。

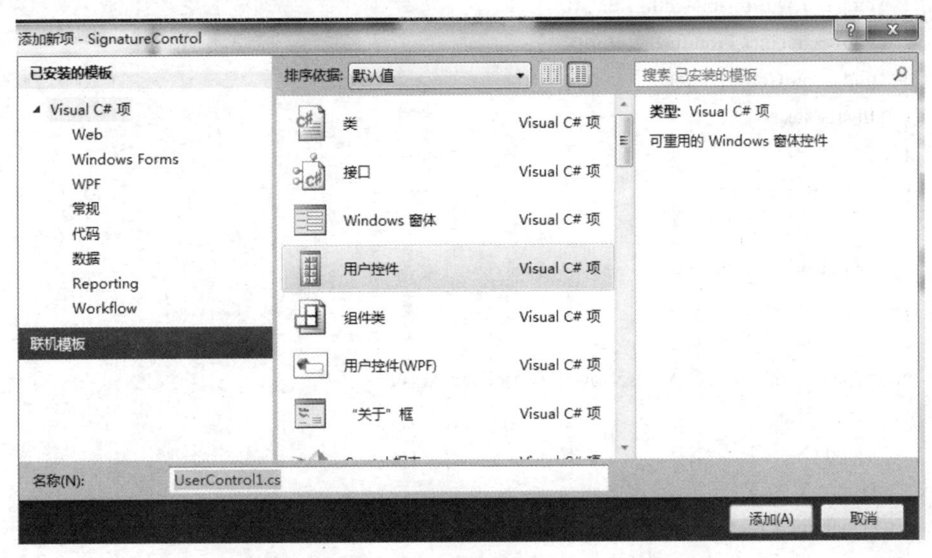

图 7-2 打开“添加新项”对话框

③ 进入创建的控件图像界面，如图 7-3 所示，单击鼠标右键选择“查看代码”选项，录入写字板控件程序。

④ 程序录入完成，调试结束后在工具栏会出现 SignatureControl 控件，如图 7-4 所示。

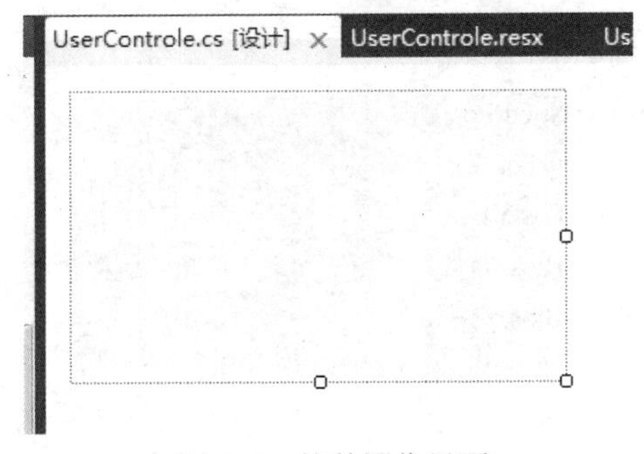

图 7-3 控件图像界面

图 7-4 工具箱显示的用户控件

创建写字板控件程序。

```
1    public partial class UserControle : UserControl
2    {
        //画板，画笔，画图句柄
3        public Bitmap bmp;
4        Pen pen = new Pen(Color.Black, 3);
5        Graphics ghp;
6        Point lastpos = new Point(0, 0);
7        bool signatureFlag = false;
8        public Color signColor = Color.Black;
```

```
9          public int signWidth = 1;
10         private void InitGraphics()
11          {
12               bmp = new Bitmap(Width, Height);
13               ghp = Graphics.FromImage(bmp);
14               ghp.Clear(Color.White);
15               Invalidate();
16          }
17          public UserControle()
18          {
19               InitializeComponent();
20               InitGraphics();
21          }
22          protected override void OnMouseDown(MouseEventArgs e)
23          {
24               lastpos.X = e.X;
25               lastpos.Y = e.Y;
26               signatureFlag = true;
27               base.OnMouseDown(e);
28          }
29          protected override void OnMouseMove(MouseEventArgs e)
30          {
31               Point curPos = new Point(e.X, e.Y);
32               if (signatureFlag == false) return;
33               pen = new Pen(signColor, signWidth);
34               ghp.DrawLine(pen, lastpos.X, lastpos.Y, curPos.X, curPos.Y);
35               Invalidate(new Rectangle(Math.Min(lastpos.X, curPos.X),
                                        Math.Min(lastpos.Y, curPos.Y),
                                        Math.Abs(lastpos.X - curPos.X) + 1,
                                        Math.Abs(lastpos.Y - curPos.Y) + 1
                 ));
36               lastpos.X = curPos.X;
37               lastpos.Y = curPos.Y;
38               base.OnMouseMove(e);
39          }
40          protected override void OnMouseUp(MouseEventArgs e)
41          {
42               signatureFlag = false;
43               base.OnMouseUp(e);
44          }
45          protected override void OnPaint(PaintEventArgs e)
46          {
47               if (bmp == null) InitGraphics();
```

```
48              e.Graphics.DrawImage(bmp, 0, 0);
49              base.OnPaint(e);
50          }
51          protected override void OnResize(EventArgs e)
52          {
53              InitGraphics();
54              base.OnResize(e);
55          }
56          public void clear()
57          {
58              InitGraphics();
59          }
60          public void save(string path, System.Drawing.Imaging.ImageFormat pic)
61          {
62              bmp.Save(path, pic);
63          }
64      }
```

程序解析：

程序第 3 行～第 5 行代码声明了画板，画笔及 Graphics 画图句柄。

第 5 行代码实例化 Point 类用来存放鼠标移动的坐标。

第 7 行代码声明了一个布尔变量用来判断是否开始签字。

第 8 行代码声明了一个公共属性签字颜色，默认属性为黑色。

第 9 行代码声明了公共属性线宽，默认值为 1。

第 10 行～第 16 行代码签字界面初始化程序。

第 12 行代码设置了画板的大小，调用用户控件的宽和高为参数，第 13 行和第 14 行代码加载画板，并初始化为白色。

第 20 行代码在声明用户控件中初始化控件。

第 22 行～第 28 行代码声明了一个鼠标按下方法，记录其实点坐标。

第 29 行～第 39 行代码声明了鼠标移动过程记录移动点的方法，使用选定的颜色描记。

第 40 行～第 44 行代码声明了一个松开鼠标左键的方法停止锚记。

第 45 行～第 50 行代码声明绘制图形界限的方法，限定 bmp 文件的大小。

第 51 行～第 55 行代码声明了调整窗口大小处理方法。

第 56 行～第 59 行代码声明了清除签字板的方法，调用初始化程序实现。

第 60 行～第 63 行代码声明了保存的方法，使用 bitmap 类下的 Save 方法实现。

3）将窗体 From1 的 Text 属性更改为“手写签字板”，然后按图 7-5 所示放上相应的控件，颜色选择 Button 控件名称对应的背景色，分别为 picRed、picBlack、picGreen、picYellow。保存和清除 Button 控件 Name 属性分别为 btnsave、btnClear，添加的用户控件 Name 属性为 sigQianZi，用于显示已选定颜色标签的 pictureBox 的 Name 为 picSelectedColor。

4）添加一个 ComboBox 控件，修改其 Name 属性为 cboSeletedWidth，打开“字符串集

合编辑器”，输入代表线宽的数值队列。

5）单击相应控件编写程序。

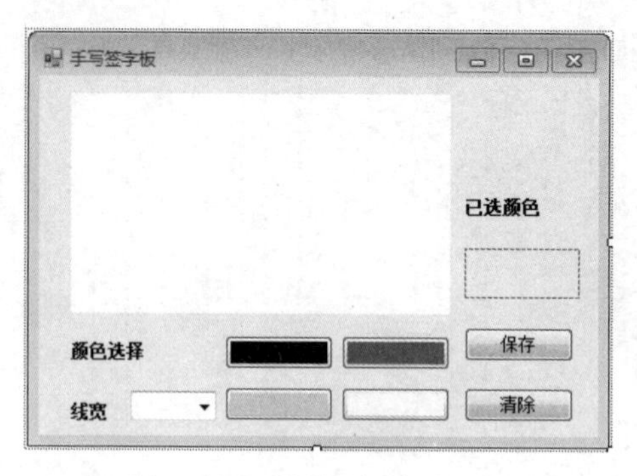

图 7-5 “手写签字板”界面

主程序如下：

```
1	private void btnClear_Click(object sender, EventArgs e)
2	{
3		sigQianZi.clear();
4	}
5	private void picRed_Click(object sender, EventArgs e)
6	{
7		sigQianZi.signColor = picRed.BackColor;
8		picSelectedColor.BackColor = sigQianZi.signColor;
9	}
10	private void picBlack_Click(object sender, EventArgs e)
11	{
12		sigQianZi.signColor = picBlack.BackColor;
13		picSelectedColor.BackColor = sigQianZi.signColor;
14	}
15	private void picGreen_Click(object sender, EventArgs e)
16	{
17		sigQianZi.signColor = picGreen.BackColor;
18		picSelectedColor.BackColor = sigQianZi.signColor;
19	}
20	private void picYellow_Click(object sender, EventArgs e)
21	{
22		sigQianZi.signColor = picYellow.BackColor;
23		picSelectedColor.BackColor = sigQianZi.signColor;
24	}
25	private void sigQianZi_Load(object sender, EventArgs e)
26	{
27	}
28	private void MainForm_Load(object sender, EventArgs e)
29	{
```

```
30              picRed.BackColor = Color.Red;
31              picYellow.BackColor = Color.Yellow;
32              picGreen.BackColor = Color.Green;
33              picBlack.BackColor = Color.Black;
34              cboSeletedWidth.SelectedIndex = 0;
35              picSelectedColor.BackColor = Color.Black;
36          }
37              private void cboSeletedWidth_SelectedIndexChanged(object sender, EventArgs e)
38          {
39              sigQianZi.signWidth = Convert.ToInt16(cboSeletedWidth.SelectedItem.ToString());
40          }
41          private void btnsave_Click(object sender, EventArgs e)
42          {
43              SaveFileDialog sfd = new SaveFileDialog();
44              sfd.Filter = "JPG 文件 |*.jpg|BMP 文件 |*.bmp";
45              if (sfd.ShowDialog() == DialogResult.OK)
46              {
47                  string path;
48                  switch (sfd.FilterIndex)
49                  {
50                      case 1:
51                          path = sfd.FileName + ".jpg";
52                          sigQianZi.save(path, System.Drawing.Imaging.ImageFormat.Jpeg);
53                          break;
54                      case 2:
55                          path = sfd.FileName + ".bmp";
56                          sigQianZi.save(path, System.Drawing.Imaging.ImageFormat.Bmp);
57                          break;
58                  }
59              }
60          }
```

程序运行结果：选择线宽及签字颜色，如图 7-6 所示，签字板效果图，如图 7-7 所示。

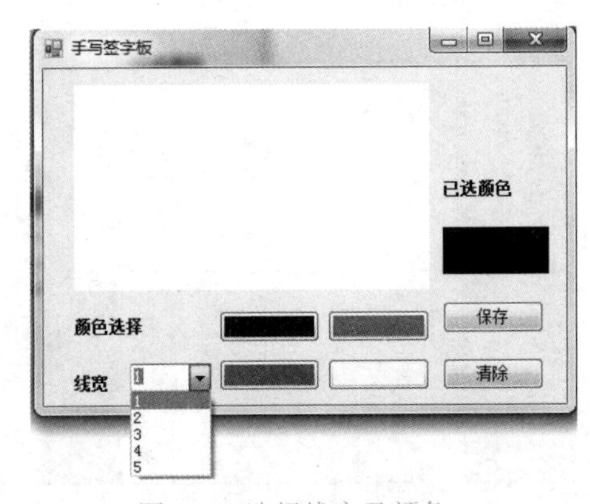

图 7-6　选择线宽及颜色

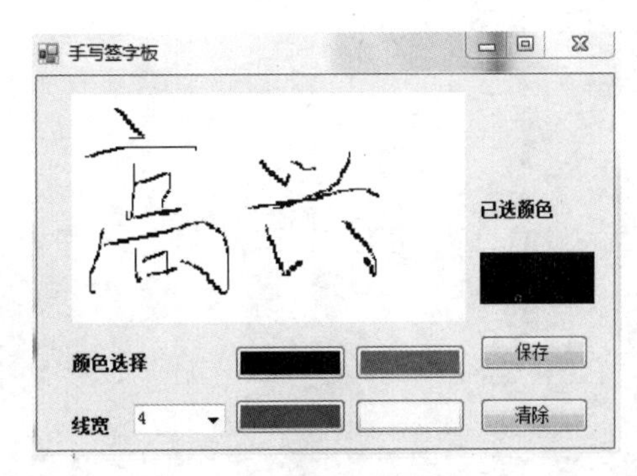

图 7-7　签字板效果图

程序解析：第 3 行代码调用了用户控件下的 Clear 方法，实现清除签字板内容的功能。

第 5 行～第 24 行代码实现了单击颜色选择按钮，将按钮的背景色赋值给签字板的颜色属性，传递给选定颜色控件 Picture 控件的背景色。

第 28 行～第 36 行代码实现了签字板程序运行时，主界面初始化，对相应控件背景色赋值，签字笔线宽初始化设定时，选择用 ComboBox 控件 SelectedIndex 的属性队列为选择项；签字板及签字颜色初始为黑色。

第 37 行～第 40 行代码使用 ComboBox 控件的 SelectedIndexChanged 事件，设置选择的线宽。

第 41 行～第 59 行代码设定了保存方法，可以保存为 JPG 和 BMP 两种格式。

7.2 数字相册

实训目的：

1）常用标准控件的各种特性和用途。

2）常用标准控件的使用。

3）图形图像加载和保存的方法。

4）鼠标事件的调用方法。

实施步骤：

1）创建 Windows 窗体应用程序，解决方案名称为 PhotoViewDemo。

2）修改窗体 form1 的 Name 属性为 MainForm，text 属性为“图像处理”。

3）添加如图 7-8 所示的控件创建窗体，添加 4 个 PictureBox 控件，按控件尺寸的大小将其 Name 属性修改为 picSmall、picMiddle、picLarge 和 picDisplay，并将 picDisplay 置于顶层，添加两个 Button 控件，Text 属性分别为“《《”和“》》”，Name 属性分别为 btnLeft 和 btnRight。

4）添加两个 ListBox 控件用于显示文件路径，主路径显示文件夹的 ListBox 控件，Name 属性为 stDir，显示图形文件名称的 ListBox 控件的 Name 属性为 lstFile。

5）单击相应的 Button 控件添加程序。

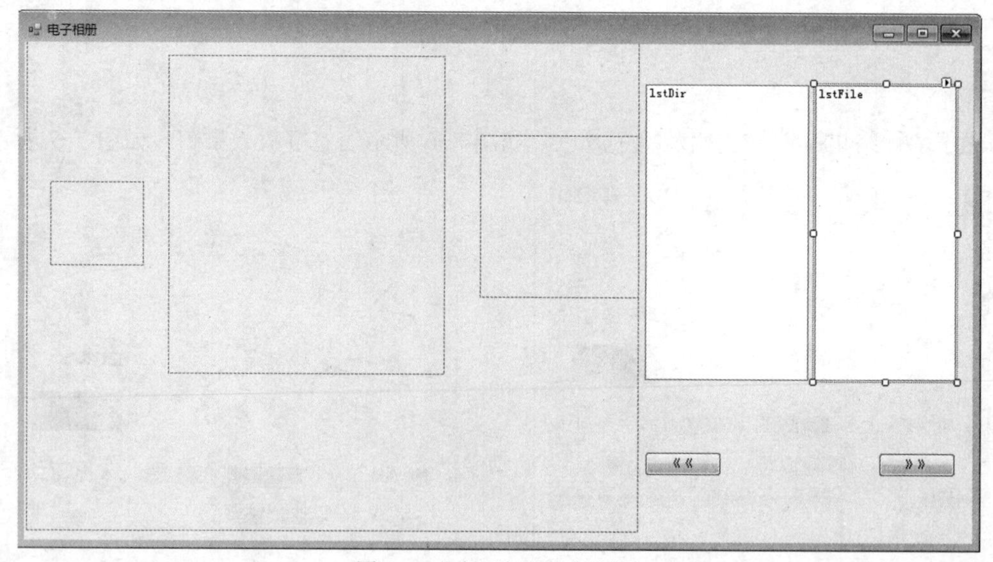

图 7-8 “电子相册”界面图

主程序如下：

```
1    using System;
2    using System.Collections.Generic;
3    using System.ComponentModel;
4    using System.Data;
5    using System.Drawing;
6    using System.Text;
7    using System.Windows.Forms;
8    using System.IO;

9    namespace PhotoViewDemo
10   {
11       public partial class MainForm : Form
12       {
13         int iPos = 0;
14         int iCount = 0;
15         List<Bitmap> lstBmp = new List<Bitmap>();
16         List<Bitmap> lstBmpNext = new List<Bitmap>();
17         Point startPos;
18         bool moveFlag;
19         public MainForm()
20       {
21         InitializeComponent();
22       }
23       private void MainForm_Load(object sender, EventArgs e)
24       { // 定义图像显示句柄
25           Bitmap bmpS = new Bitmap(picSmall.Width, picSmall.Height);
26           Bitmap bmpM = new Bitmap(picMiddle.Width, picMiddle.Height);
27           Bitmap bmpL = new Bitmap(picLarge.Width, picLarge.Height);
28           Graphics ghpS = Graphics.FromImage(bmpS);
29           Graphics ghpM = Graphics.FromImage(bmpM);
30           Graphics ghpL = Graphics.FromImage(bmpL);
         // 初始化图像显示
31           bmpS = GetImage("\\001\\F16Plane.png");
32           bmpM = GetImage("\\001\\F17Plane.png");
33           bmpL = GetImage("\\001\\F18Plane.png");
34           picSmall.Image = bmpS;
35           picMiddle.Image = bmpM;
36           picLarge.Image = bmpL;
37           picSmall.Invalidate();
        // 获取图像路径
38           string[] strArr = System.IO.Directory.GetFiles(@"C:\aFilePath\001","*.png");
39        string[] strArrD = System.IO.Directory.GetDirectories(@"C:\aFilePath");
```

```
40              MessageBox.Show(strArr.Length.ToString());
41              if (strArr.Length <= 0)
42              {
43                  return;
44              }
45              iCount = strArr.Length;
46              foreach (string str in strArr)
47              {
48                  lstBmp.Add(new Bitmap(str));
49                  MessageBox.Show(str);
50              }
51              foreach (string str in strArrD)
52              {
53                  lstDir.Items.Add(str);
54                  MessageBox.Show(str);
55              }
56                picLarge.Image = lstBmp[2];
57                picMiddle.Image = lstBmp[1];
58                picSmall.Image = lstBmp[0];
59          }
60          public Bitmap GetImage(string strFile)
61          {
62              if (strFile.Length == 0) return null;
63              string strPath = @"C:\FilePath" + strFile;
64              if (File.Exists(strPath))
65              {
66                  return new Bitmap(strPath);
67              }
68              else
69              {
70                  return null;
71              }
72          }
73          private void btnLeft_Click(object sender, EventArgs e)
74          {
75              if (iCount == 0) return;
76              if (iPos >= iCount - 3) return;
77              iPos = iPos + 1;
78              picLarge.Image = lstBmp[iPos + 2];
79              picMiddle.Image = lstBmp[iPos + 1];
80              picSmall.Image = lstBmp[iPos];
81          }
82          private void btnRight_Click(object sender, EventArgs e)
```

```
83        {// 判断文件索引，如果为 0 则返回，否则依次 +1，实现单击图片索引定向改变一次
84            if (iCount == 0) return;
85            if (iPos == 0) return;
86            iPos = iPos - 1;
87            picLarge.Image = lstBmp[iPos + 2];
88            picMiddle.Image = lstBmp[iPos + 1];
89            picSmall.Image = lstBmp[iPos];
90        }
91        private void MainForm_MouseUp(object sender, MouseEventArgs e)
92        {// 窗体鼠标松开事件
93            if (moveFlag == false) return;
94            if (e.X < startPos.X) btnLeft_Click(sender, e);
95            if (e.X > startPos.X + 5) btnRight_Click(sender, e);
96            moveFlag = false;
97        }
98        private void MainForm_MouseDown(object sender, MouseEventArgs e)
99        {// 窗体鼠标按下事件
100           moveFlag = true;
101           startPos = new Point(e.X, e.Y);
102       }
103       private void lstDir_SelectedIndexChanged(object sender, EventArgs e)
104       {// 单击路径显示 listBox 控件索引发生变化，文件列表显示当前文件夹下的图像文件
105           string StrDirPath = lstDir.SelectedItem.ToString();
106           string[] strArrF = System.IO.Directory.GetFiles(StrDirPath, "*.png");
107           lstFile.Items.Clear();
108           lstBmp.Clear();
109           foreach (string strF in strArrF)
110           {
111               lstFile.Items.Add(strF);
112               lstBmp.Add(new Bitmap(strF));
113           }
114           picLarge.Image = lstBmp[2];
115           picMiddle.Image = lstBmp[1];
116           picSmall.Image = lstBmp[0];
117           iCount = strArrF.Length;
118           iPos = 0;
119       }
120       private void picMiddle_Click(object sender, EventArgs e)
121       { // 单击 picMiddle 控件时间，放大显示
122           picDisplay.Image = picMiddle.Image;
123           picDisplay.Visible = true;
124       }
125       private void picDisplay_Click(object sender, EventArgs e)
```

```
126            {// 单击 picDisplay，退出放大显示
127                picDisplay.Visible = false;
128            }
129        }
130    }
```

程序运行结果，如图 7-9 ～图 7-11 所示。

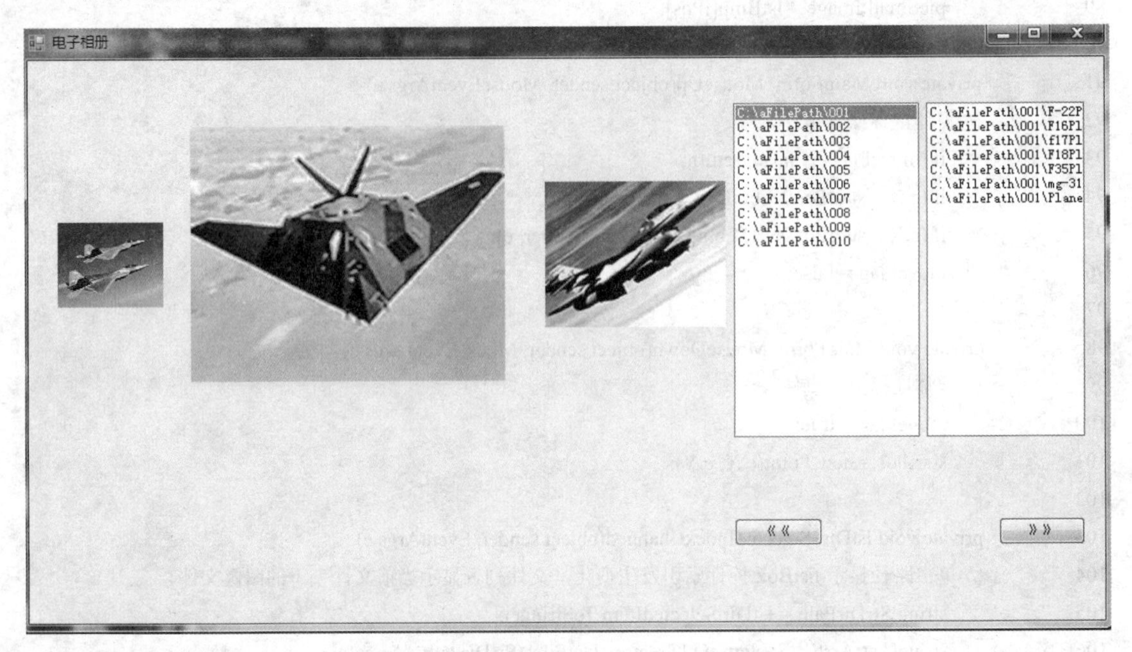

图 7-9　单击中号照片，全屏显示效果图

图 7-10　单击窗体界面效果图

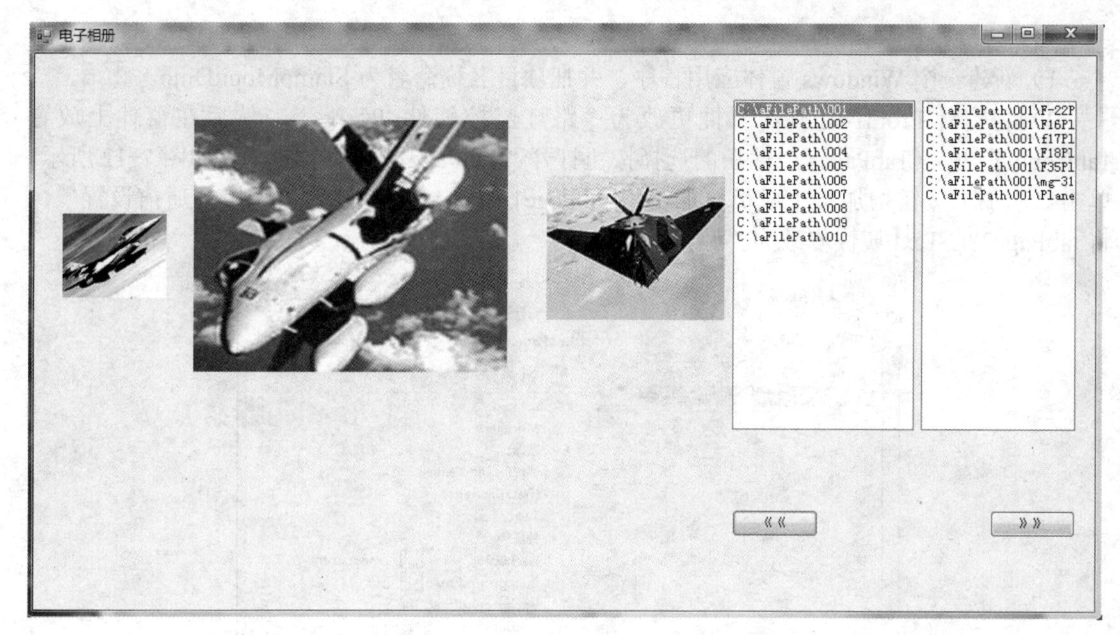

图 7-11　单击左移按钮效果图

程序解析：C# 中获取指定目录中指定文件的方法如下：

1．path 使用相对路径

```
string path = "Assets/model";
string[] files = Directory.GetFiles(path) ;
```

可通过 Directory.GetCurrentDirectory() 查看当前路径。

2．path 使用绝对路径

```
string path = "@ C:\aFilePath";
string[] files = Directory.GetFiles(path);
```

C# 中 Directory.GetFiles() 方法获取多个类型格式的文件。

例：

```
System.IO.Directory.GetFiles()；// 获取多个类型格式的文件
System.IO.Directory.GetFiles("c:\","(*.exe|*.txt)");// 获取指定路径下指定类型文件
```

7.3　路灯监控系统

实训目的：

1）常用标准控件的各种特性和用途。

2）常用标准控件的使用。

3）串口和时钟控件的使用。

实训内容：

添加一个容器 TabConble，创建两个选项卡用来实现串行通信时串口参数的设置，以及控制界面的设计。

实训步骤：

1）新建一个 Windows 窗体应用程序，并把项目名称命名为 SlampMonitDmo。

2）将窗体 From1 的 Text 属性更改为“路灯监控软件 -PC 端”，然后在窗体上放置 TabConble，单击 TabPages 属性后的选择按钮打开“TabPage 集合编辑器”，如图 7-12 所示。单击“添加”按钮增加一个成员页面，将 tabPage1 的 Text 属性修改为“串行通信设置”，将 tabPage2 的 Text 属性修改为“路灯监控”。

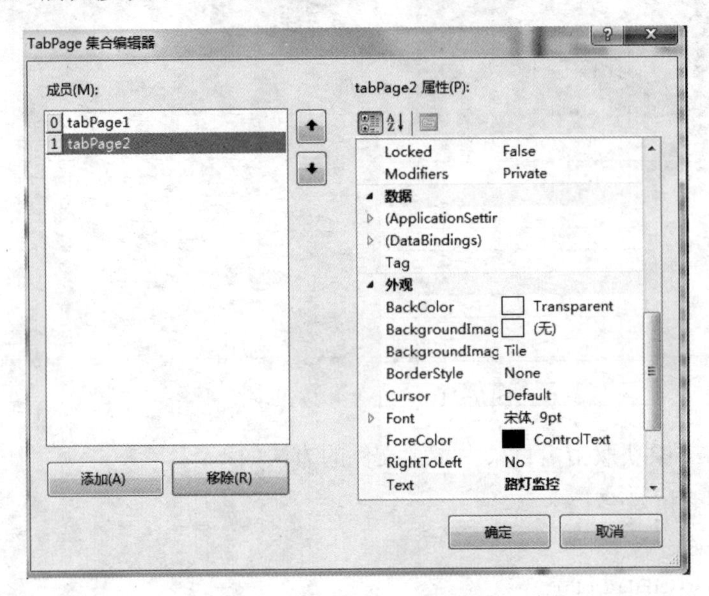

图 7-12　TabPage 集合编辑器

3）在“串行通信设置”选项卡下添加如图 7-13 所示的 4 个 Label 控件，并按图修改其 Text 属性。

添加 4 个 ComboBox 控件，对应前面的 Label 标签修改 Name 属性为 cboSPCKH、cboSPBTL、cboSPSJW、cboSPTZW，对 cboSPCKH 控件单击“字符串集合编辑器”添加如图 7-14 所示的字符串；如图 7-15 所示设定波特率的“字符串集合编辑器”，如图 7-16 所示设定数据位的“字符串集合编辑器”；如图 7-17 所示设定停止位的“字符串集合编辑器”。

4）添加两个按钮，第 1 个 Text 属性为“打开串口”，Name 属性为 btnOpen，第 2 个 Text 属性为“关闭串口”，Name 属性为 btnClose。

5）在“路灯监控”选项卡上添加 8 个 PictureBox 控件及 8 个 CheckBox 控件，如图 7-18 所示。PictureBox 控件的 Name 属性为“picD0”至“picD7”；CheckBox 控件的 Text 属性为“灯 0”至“灯 7”，Name 属性为“chkD0”至“chkD7”。

6）添加 SerialPort 串口组件修改 Name 属性为 spCom，BaudRate 波特率属性初始值为 115 200，数据位 DataBits 的初始值为 8，串口号 PortName 属性的初始值为 COM3，停止位 StopBits 属性的初始值为 1。单击事件中的 DataReceived 添加 spCom_DataReceived 事件。

7）添加一个 Timer 组件，修改 Name 属性为 timTongBu，单击事件中的 Tick 添加 timTongBu_Tick 事件。

8）单击相应的按钮添加程序。

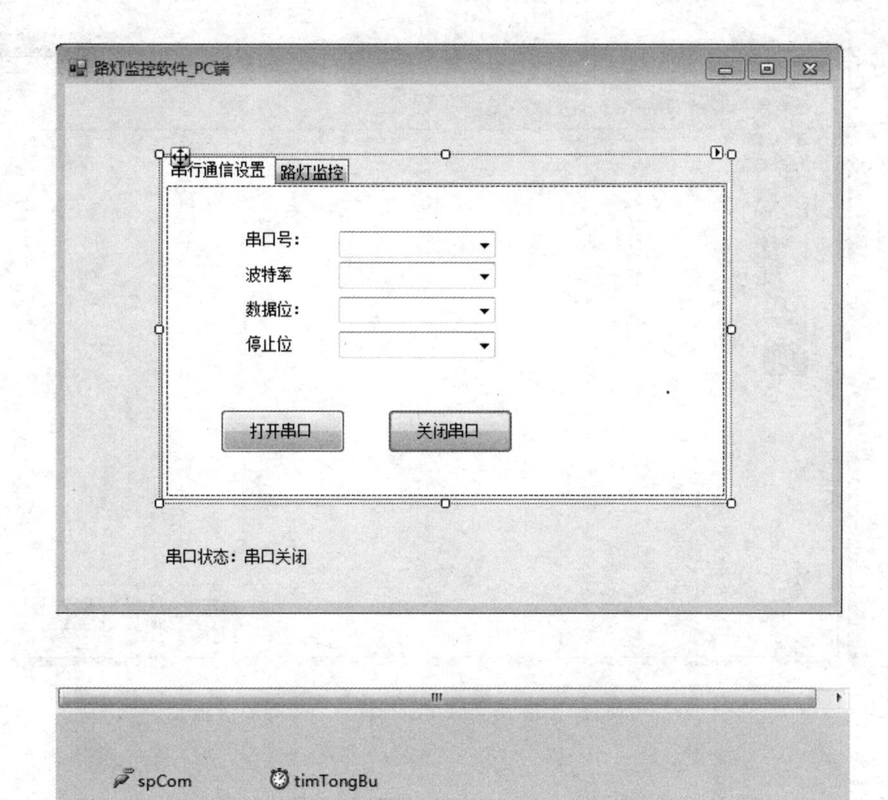

图 7-13　PC 端路灯监控系统串行通信设置界面

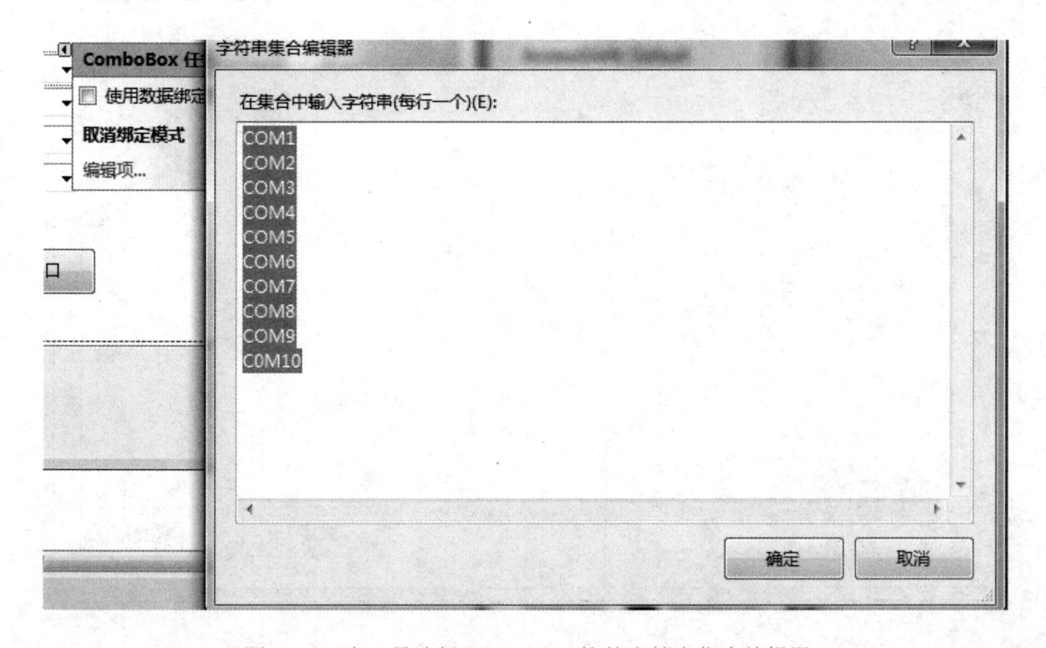

图 7-14　串口号选择 ComboBox 控件字符串集合编辑器

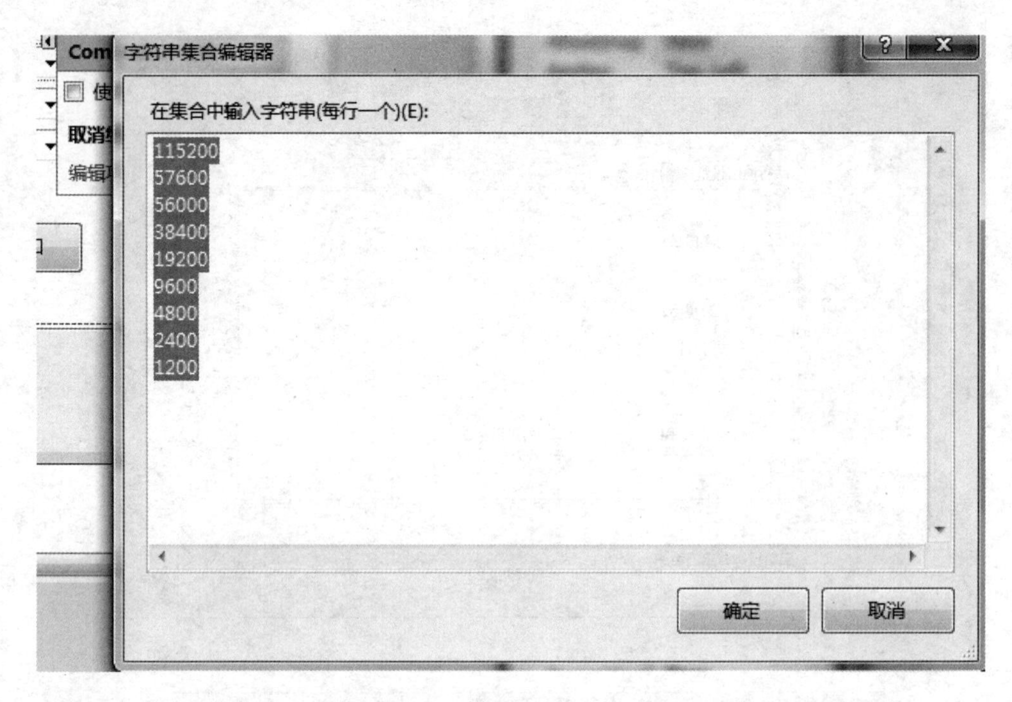

图 7-15　波特率选择 ComboBox 控件字符串集合编辑器

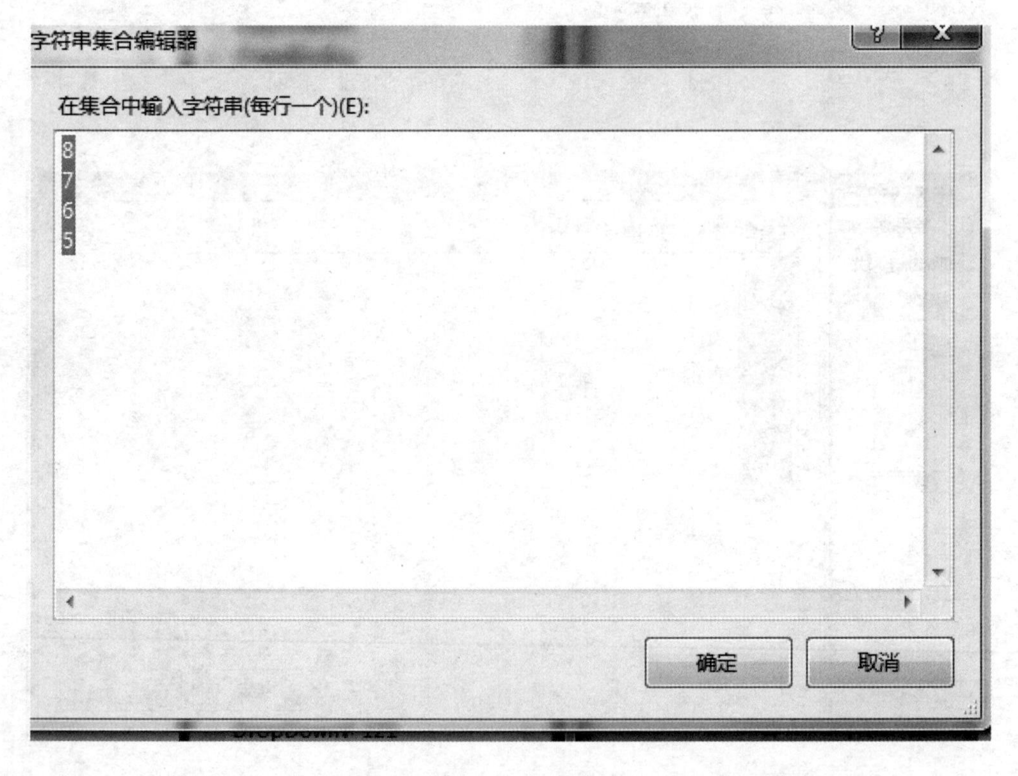

图 7-16　数据位选择 ComboBox 控件字符串集合编辑器

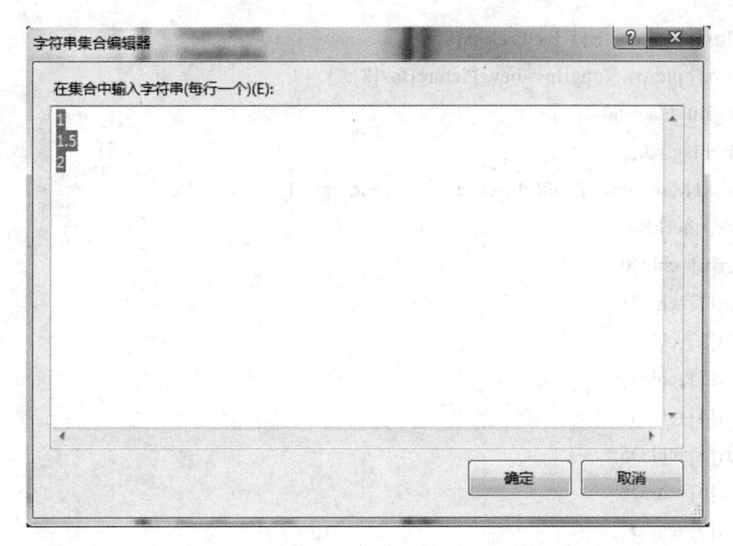

图 7-17 停止位选择 ComboBox 控件字符串集合编辑器

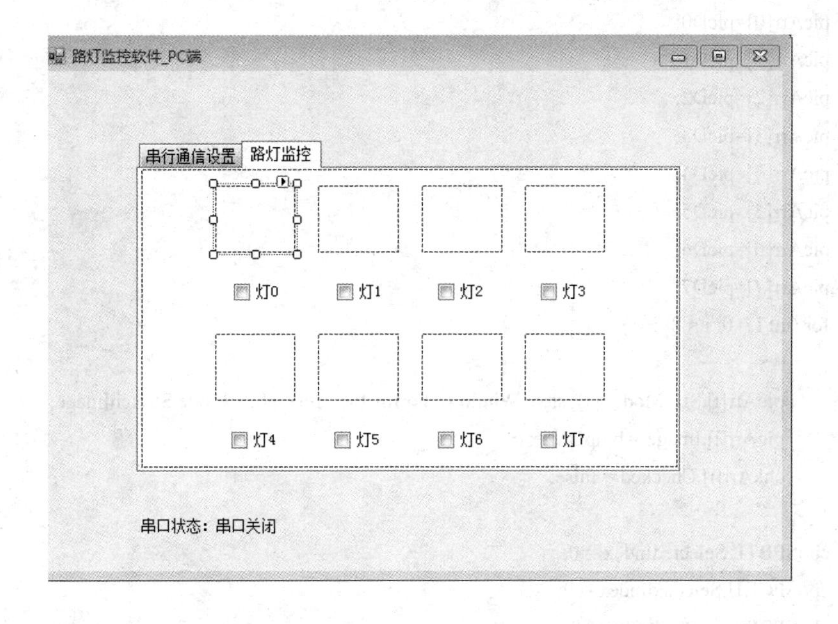

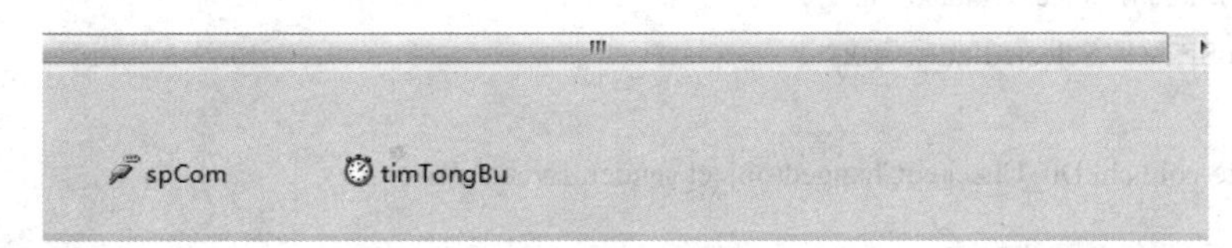

图 7-18 PC 端路灯监控系统路灯监控界面

主程序如下：

```
1    Bitmap bmpDMie = new Bitmap(System.IO.Directory.GetCurrentDirectory() + "\\ 灯泡 - 灭 .JPG");
2    Bitmap bmpDLiang = new Bitmap(System.IO.Directory.GetCurrentDirectory() + "\\ 灯泡 - 亮 .JPG");
3    CheckBox[] chkArr = new CheckBox[8];
4    CheckBox[] chkArr_TongBu = new CheckBox[8];
```

```
5           PictureBox[] picArr = new PictureBox[8];
6           PictureBox[] picArr_TongBu = new PictureBox[8];
7           bool TongBu_Flag=false;
8           byte DengFlag = 0;
9           private void MainForm_Load(object sender, EventArgs e)
10          {// 初始化 checkBox 框
11              chkArr[0]=chkD0;
12              chkArr[1]=chkD1;
13              chkArr[2]=chkD2;
14              chkArr[3]=chkD3;
15              chkArr[4]=chkD4;
16              chkArr[5]=chkD5;
17              chkArr[6]=chkD6;
18              chkArr[7]=chkD7;
             // 初始化 checkBox 框
19              picArr[0]=picD0;
20              picArr[1]=picD1;
21              picArr[2]=picD2;
22              picArr[3]=picD3;
23              picArr[4]=picD4;
24              picArr[5]=picD5;
25              picArr[6]=picD6;
26              picArr[7]=picD7;
27              for (int i = 0; i < 8; i++)
28              {
29                  picArr[i].SizeMode = System.Windows.Forms.PictureBoxSizeMode.StretchImage;
30                  picArr[i].Image = bmpDMie;
31                  chkArr[i].Checked = false;
32              }
33              cboSPBTL.SelectedIndex = 0;
34              cboSPCKH.SelectedIndex = 0;
35              cboSPSJW.SelectedIndex = 0;
36              cboSPTZW.SelectedIndex = 0;
37          }
38          private void chkD0_CheckedChanged(object sender, EventArgs e)
39          {
40              if (TongBu_Flag == true) return;
41              for (int i = 0; i < 8; i++)
42              {
43                  if (chkArr[i].Checked == false)
44                  {
45                      picArr[i].Image = bmpDMie;
46                      DengFlag = (byte)(DengFlag & ~(0x01 << i));
```

```
47                  }
48                  else
49                  {
50                      picArr[i].Image = bmpDLiang;
51                      DengFlag =(byte)( DengFlag | (0x01 << i));
52                  }
53              }
54              TongBu_Flag = true;
55              if (spCom.IsOpen == true)
56              {
              // 将合成的 DengFlag 从串口发送出去
57                  byte[] sendBuffer = new byte[2];
58                  sendBuffer[0] = 0x41;
59                  sendBuffer[1] = DengFlag;
60                  spCom.Write(sendBuffer, 0, 2);
61              }
62          }
63          private void timTongBu_Tick(object sender, EventArgs e)
64          {
65              if (TongBu_Flag == false) return;
66              for (int i = 0; i < 8; i++)
67              {
68                  if ((DengFlag & (0x01 << i)) == 0)
69                  {
                    // 置 0
70                      picArr[i].Image = bmpDMie;
71                      chkArr[i].Checked = false;
72                  }
73                  else
74                  {
                    // 置 1
75                      picArr[i].Image = bmpDLiang;
76                      chkArr[i].Checked = true;
77                  }
78              }
79              TongBu_Flag = false;;
80          }
81          private void spCom_DataReceived(object sender, System.IO.Ports.SerialDataReceivedEventArgs e)
82          {
83                int iCount = spCom.BytesToRead;
84                if (iCount == 0) return;
85                byte[] bArr = new byte[iCount];
86                iCount = spCom.Read(bArr, 0, iCount);
```

```
87              if (iCount == 0) return;
88              if (bArr[0] == ‘a’)
89              {
90                  DengFlag = bArr[1];
91                  TongBu_Flag = true;
92              }
93          }
94          private void btnOpen_Click(object sender, EventArgs e)
95          {
96              if (spCom.IsOpen == true) spCom.Close();
97              try
98              {
99                  spCom.PortName = cboSPCKH.SelectedItem.ToString();
100                 spCom.BaudRate = Convert.ToInt32(cboSPBTL.SelectedItem.ToString());
101                 spCom.DataBits = Convert.ToInt32(cboSPSJW.SelectedItem.ToString());
102                 switch (cboSPTZW.SelectedIndex.ToString())
103                 {
104                     case "1":
105                         spCom.StopBits = System.IO.Ports.StopBits.One;
106                         break;
107                     case "1.5":
108                         spCom.StopBits = System.IO.Ports.StopBits.OnePointFive;
109                         break;
110                     case "2":
111                         spCom.StopBits = System.IO.Ports.StopBits.Two;
112                         break;
113                     default:
114                         spCom.StopBits = System.IO.Ports.StopBits.One;
115                         break;
116                 }
117                 spCom.Open();
118                 lblSPStatus.Text = " 串口状态：串口连接成功 ";
119                 btnClose.Enabled = true;
120                 btnOpen.Enabled = false;
121             }
122             catch (Exception e1)
123             {
                 //MessageBox.Show(e1.Message);
124             lblSPStatus.Text = string.Format(" 串口状态：串口连接失败 {0}。",e1.Message);
125             }
126         }
127         private void btnClose_Click(object sender, EventArgs e)
128         {
```

```
129                  spCom.Close();
130                  btnClose.Enabled = false;
131                  btnOpen.Enabled = true;
132                  lblSPStatus.Text = " 串口状态：串口关闭 ";
133            }
```

程序运行结果，如图 7-19 所示。

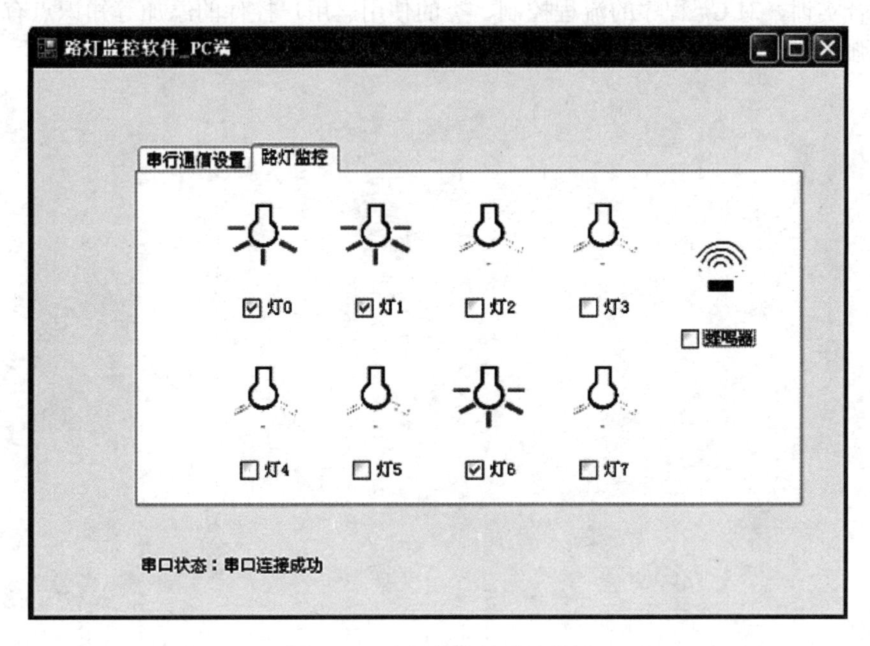

图 7-19　路灯监控软件结果图

程序解析：

程序第 1 行～第 2 行代码使用 GetCurrentDirectory 获取默认路径下存放图片，用来表示灯灭和灯亮的状态。

第 3 行～第 6 行代码声明了两个一维数组，用来存放路灯和开关的状态。

第 7 行代码声明了一个表示同步标识的布尔变量 TongBu_Flag。

第 8 行代码声明了一个表示等状态的变量 DengFlag，为 8 位的二进制数。

第 9 行～ 37 行代码为窗体初始化程序，将 CheckBox 控件和 PictureBox 装入数组。初始化串口参数。

第 38 行～第 62 行代码声明灯 0 控制的方法，灯控制开关串口通信发送指令，如果同步返回成功，则返回同步状态点亮相应的灯，否则点亮失败。

第 63 行～第 80 行代码为 Timer 控件同步时钟脉冲产生的方法。

第 81 行～第 93 行代码为串口接收数据程序。

第 94 行～第 126 行为打开串口按钮程序，获取相应的波特率、串口号、数据位，使用 try…catch…语句判断停止位，如果连接成功则提示“串口状态: 串口连接成功”，否则提示“串口状态：串口连接失败”。

第127行～第133行代码为关闭串口按钮程序，调用SerialPort组件下的Close方法关闭串口，并提示“串口状态：串口连接失败”。

本章小结

本章通过3个案例数字签字板、数字相册以及路灯监控软件，综合运用前面学到的知识进行综合实训，对C#程序的流程控制、类的使用、用户控件的添加等知识点有了深刻的认识，加强了实践动手能力，可作为课程实训内容。

参 考 文 献

[1] 陈广．C# 程序设计基础教程与实训 [M]．2 版．北京：北京大学出版社，2013．

[2] 史家银．C# 程序设计基础 [M]．上海：上海交通大学出版社，2016．

[3] 祝红涛，王伟平，郝相林，等．轻松学 C# 编程 [M]．北京：化学工业出版社，2012．

[4] 李法平，芮素娟．面向对象程序设计 C#[M]．北京：中国水利水电出版社，2012．

[5] Daniel M.Solis．C# 4.0 图解教程 [M]．苏林，朱晔，等译．北京：人民邮电出版社，2011．

[6] 王浩，杨正校．Windows CE 系统应用开发编程 [M]．北京：中国水利水电出版社，2011．